シリーズ 知能機械工学 6

ディジタル信号処理

毛利 哲也 著

共立出版

「シリーズ 知能機械工学」

　「知能機械工学」は，機械・電気電子・情報を統合した新しい学問領域です．知能機械の代表として，ロボット，自動車，飛行機，人工衛星，エレベータ，エアコン，DVDなどがあります．これらは，ハードウェア設計の基礎となる機械工学，制御装置を構成する電子回路やコンピュータなどの電気電子工学，知能処理や通信を担う情報工学を統合してはじめて作ることができるものです．欧州では知能機械工学に関連する学科にメカトロニクス学科が多くあります．このメカトロニクスという名称は，1960年代に始まった機械と電気電子を統合する"機電一体化"の概念が発展して1980年代に日本で作られた言葉です．その後，これに情報が統合され知能機械工学が生まれました．近年では，環境と人にやさしいことが知能機械の課題となっています．

　本シリーズは，知能機械工学における情報工学，制御工学，シミュレーション工学，ロボット工学などの基礎的な科目を，学生に分かりやすく記述した教科書を目標としています．本シリーズが学生の勉学意欲を高め，知能機械工学の理解と発展に貢献できることを期待しています．

　　　　　　　　　　　　　　　　　　　　　　　編集委員
　　　　　　　　　　　　　　　代表　川﨑　晴久（岐阜大学）
　　　　　　　　　　　　　　　　　　谷　　和男（元岐阜大学）
　　　　　　　　　　　　　　　　　　原山美知子（岐阜大学）
　　　　　　　　　　　　　　　　　　毛利　哲也（岐阜大学）
　　　　　　　　　　　　　　　　　　矢野　賢一（三重大学）
　　　　　　　　　　　　　　　　　　山田　宏尚（岐阜大学）
　　　　　　　　　　　　　　　　　　山本　秀彦（岐阜大学）
　　　　　　　　　　　　　　　　　　　　　　（五十音順）

はじめに

　自然界の信号はすべてアナログであり，アナログ回路により信号処理されることが一般的でした．しかし，コンピュータに代表されるディジタル回路の発達によりアナログ信号をディジタルの信号へ変換して処理されるようになりました．たとえば，我々に身近なテレビ，携帯電話，カメラ等は大量の情報の圧縮・復元・記録等にディジタル技術が不可欠となっています．本書は，これらの技術の基礎となるディジタル信号処理を学ぶ入門書として執筆しました．

　本書で学ぶ前に，信号処理の基礎，古典制御論を学んでおくとアナログとディジタルの信号の関係を対比させやすいです．本書は，8章から構成しており，アナログ信号のサンプリング・量子化，離散時間信号の表現やz変換，フーリエ解析や高速フーリエ変換等の周波数解析，アナログフィルタとディジタルフィルタの関係，ノイズを含む信号からシステムを同定するための最小2乗法等について学びます．

　執筆内容は岐阜大学工学部の人間情報システム工学科での講義の内容に基づいています．同学科は，機械工学・情報工学・電気電子工学の融合学科としてメカトロニクスに関する技術の研究および教育に取り組んできました．卒業研究では多くの学生がロボットを対象としており，その際に必要となる信号処理技術の基礎的な部分の内容が主になっています．

　最後に，執筆に当たり多くの文献を参考にさせていただきました．それらの著者の方々に心から感謝申し上げます．また，本書の出版に当たりお世話になりました岐阜大学工学部川﨑晴久教授，共立出版(株)瀬水勝良氏をはじめとして多くの関係各位に深く御礼申し上げます．

　　2015年3月

　　　　　　　　　　　　　　　　　　　　　　　　　　　　　　毛利哲也

目　　次

第1章　ディジタル信号

1.1 信号処理 ·· *1*
　　1.1.1 アナログ信号とディジタル信号 ··· *1*
　　1.1.2 信号処理の目的 ··· *2*
1.2 信号のサンプリングと量子化 ··· *2*
　　1.2.1 正弦波信号 ·· *2*
　　1.2.2 サンプリング ··· *3*
　　1.2.3 量　子　化 ·· *5*
1.3 信号の種類 ·· *6*
1.4 信号の処理手順 ··· *8*
1.5 A/D 変換器 ·· *9*
1.6 ディジタル信号処理の利点 ··· *11*
　　1章の問題 ·· *12*

第2章　信号処理システム

2.1 信号の表現 ·· *13*
　　2.1.1 離散信号の表現 ··· *13*
　　2.1.2 正規化表現 ·· *13*
　　2.1.3 移 動 平 均 ·· *14*
　　2.1.4 処理による結果の違い ··· *14*
2.2 信号例とその性質 ·· *16*
2.3 線形時不変システム ··· *20*
　　2.3.1 線形性と時不変性 ·· *20*
　　2.3.2 たたみ込みとインパルス応答 ··· *23*
　　2.3.3 たたみ込みの実際の計算法 ·· *25*
2.4 ハードウェア実現 ·· *27*

	2.4.1 演算要素 ·· 27
	2.4.2 システムの一般的な構成 ·· 28
	2.4.3 再帰型システム ·· 28
	2.4.4 定係数差分方程式 ··· 31
2.5	システムの安定性と因果性の判別 ·· 34
	2.5.1 因果性システム ·· 34
	2.5.2 安定なシステム ·· 35
	2.5.3 IIR システムの安定性 ·· 35
	2 章の問題 ··· 38

第3章 システムの伝達関数

3.1	z 変換 ··· 41
	3.1.1 z 変換の定義 ··· 41
	3.1.2 z 変換の性質 ··· 42
3.2	システムの伝達関数 ·· 44
	3.2.1 システムの伝達関数 ·· 44
	3.2.2 非再帰型システムの伝達関数 ·································· 44
	3.2.3 再帰型システムの伝達関数と極 ······························ 48
3.3	逆 z 変換とシステムの安定性 ··· 51
	3.3.1 逆 z 変換の計算法 ·· 51
	3.3.2 極によるシステムの安定判別 ·································· 56
3.4	システムの周波数特性 ··· 57
	3.4.1 システムの周波数特性 ··· 57
	3.4.2 伝達関数と周波数特性 ··· 60
	3.4.3 周波数特性の描き方 ·· 64
	3.4.4 システムの縦続型構成と並列型構成 ························ 69
	3 章の問題 ··· 73

第4章 信号の周波数解析とサンプリング定理

4.1	周波数解析 ·· 75
	4.1.1 非正弦波信号の正弦波信号による表現 ····················· 75
	4.1.2 フーリエ解析の種類 ·· 75

- 4.2 周期信号のフーリエ解析 ·· 76
  - 4.2.1 フーリエ級数 ·· 76
  - 4.2.2 離散時間フーリエ級数 ··· 82
  - 4.2.3 フーリエ変換 ·· 86
  - 4.2.4 離散時間フーリエ変換 ··· 89
- 4.3 離散時間フーリエ変換の性質 ·· 91
  - 4.3.1 線形性 ·· 92
  - 4.3.2 時間シフト ·· 92
  - 4.3.3 たたみ込み ·· 92
  - 4.3.4 周波数シフト ·· 93
  - 4.3.5 周波数スペクトルの対称性 ·· 93
- 4.4 サンプリング定理 ·· 94
  - 4.4.1 帯域制限信号 ·· 94
  - 4.4.2 エリアジング ·· 94
  - 4.4.3 ナイキスト間隔 ··· 96
  - 4.4.4 サンプリング定理 ·· 97
  - 4.4.5 信号のディジタル化 ··· 97
- 4章の問題 ·· 98

第5章 高速フーリエ変換

- 5.1 離散フーリエ変換 ·· 101
  - 5.1.1 フーリエ変換の問題点 ··· 101
  - 5.1.2 M点信号の離散時間フーリエ変換 ································· 102
  - 5.1.3 周波数スペクトルの離散化 ··· 102
- 5.2 DFTとIDFT ·· 104
- 5.3 高速フーリエ変換 ·· 106
  - 5.3.1 DFTの演算量 ··· 106
  - 5.3.2 FFTアルゴリズム ·· 107
  - 5.3.3 IFFTアルゴリズム ··· 112
- 5.4 窓関数による信号の抽出 ·· 113
  - 5.4.1 代表的な窓関数 ··· 113
  - 5.4.2 信号抽出の影響 ··· 114

5章の問題 ··· 118

第6章　ディジタルフィルタ

6.1　アナログフィルタ ·· 119
6.2　フィルタの種類 ··· 119
6.3　フィルタの性質 ··· 121
6.4　群遅延 ·· 122
6.5　アナログフィルタの回路構成 ·· 124
6.6　アナログフィルタの設計 ··· 125
　　6.6.1　理想低域通過フィルタ ·· 126
　　6.6.2　バターワースフィルタ ·· 127
　　6.6.3　チェビシェフフィルタ ·· 129
　　6.6.4　ベッセルフィルタ ·· 130
6.7　周波数変換 ·· 131
　　6.7.1　低域通過フィルタ ·· 131
　　6.7.2　高域通過フィルタ ·· 133
　　6.7.3　帯域通過フィルタ ·· 134
　　6.7.4　帯域阻止フィルタ ·· 135
6.8　ディジタルフィルタ ··· 137
　　6.8.1　双1次 $s\text{-}z$ 変換法 ··· 137
　　6.8.2　アナログ角周波数とディジタル角周波数との関係 ························· 139
　　6.8.3　双1次変換法の安定性 ·· 140
　　6.8.4　ディジタルフィルタの設計 ·· 140
6章の問題 ··· 142

第7章　サンプリングレート

7.1　サンプリング周波数の変更 ·· 145
7.2　ダウンサンプリング ··· 146
7.3　アップサンプリング ··· 148
7.4　レート変換 ·· 150
　　7.4.1　デシメータ ··· 150

7.4.2　インターポレータ ································ *151*
　　　7.4.3　有理数比のレート変換 ··························· *151*
　　　7.4.4　マルチステージ構成 ····························· *152*
　　7章の問題 ··· *154*

第8章　システム同定

8.1　システム同定 ·· *155*
　　　8.1.1　線形システムモデル ····························· *155*
8.2　最小2乗法 ··· *157*
8.3　重み付き最小2乗法 ····································· *159*
8.4　指数重み付き最小2乗法 ································· *160*
8.5　逐次最小2乗法 ··· *161*
　　　8.5.1　逐次最小2乗法の導出 ···························· *162*
　　　8.5.2　重み付き逐次最小2乗法 ·························· *165*
　　　8.5.3　指数重み付き逐次最小2乗法 ······················ *166*
　　8章の問題 ··· *167*

演習問題略解 ··· *169*
参考文献 ··· *175*
索　引 ··· *177*

1 ディジタル信号

章の要約

 自然界の信号はすべてアナログ信号である．コンピュータに代表されるディジタル回路では，アナログ信号を直接取り扱うことはできない．このため，コンピュータではアナログ信号をディジタル信号に変換して処理する必要がある．本章では，ディジタル信号とアナログ信号の関係をまとめる．

1.1 信号処理

1.1.1 アナログ信号とディジタル信号

 信号とは，情報を伴う物理量を電圧や電流などの電気信号へ変換したものである．対象となる物理量は，映像の輝度や音声の他に，温度や距離など多様であるが，最終的に電気信号へと変換される．これは電気信号が，伝達・処理・記録に適しているからである．

 自然界の信号（音声，視覚，脳波など）はすべてアナログ信号である．このようなアナログ信号は，図1.1に示すようにアナログ回路により信号処理される．しかし，計算機の発達により，コンピュータに代表されるディジタル回路では，アナログ信号をディジタル信号に変換して代数的な演算（四則演算など）で信号処理できるようになった．ここで，信号処理とは，信号を他の信号に変換したり，信号から情報を抽出するために信号を加工処理したりすることである．

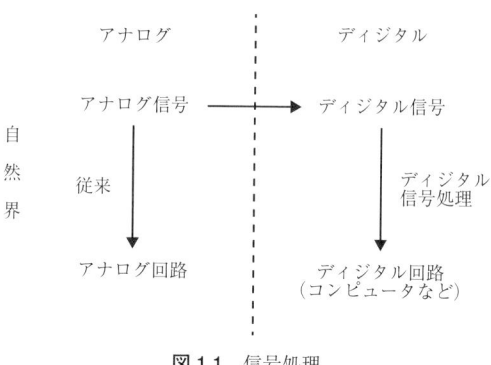

図 1.1　信号処理

1.1.2　信号処理の目的

信号処理の主な目的を次に示す．

- 伝送：　信号を離れた場所に送信すること．伝送では，信号の値が極端に減衰することがあるので，信号の値を増幅する処理が必要である．
- フィルタリング：　信号に含まれる特定の成分を抽出すること，もしくは不要な成分を除去すること．
- 生成：　必要とする特性の信号を新しく作ること．
- パターン認識：　音声認識のように信号から特徴を抽出すること．
- システム同定：　システムの入力信号と出力信号を用いて，そのシステムの特性を推定すること．

1.2　信号のサンプリングと量子化

1.2.1　正弦波信号

信号処理で一般的に利用される正弦波信号を次式で定義する．

$$x(t) = A\sin(\Omega t + \theta) \tag{1.1}$$

ただし，

1.2 信号のサンプリングと量子化

$$A：振幅,$$
$$\Omega = 2\pi F：角周波数,$$
$$F = \frac{1}{T}：周波数,$$
$$T：周期,$$
$$\theta：初期位相$$

とする．このように信号は，大きさと時間をパラメータとして表現することができる．

[例題 1.1] 図 1.2 に示す

$$x(t) = \sin(2\pi t)$$

で表される信号を cos を用いて示せ．

(解) 正弦波を余弦波を用いて示すと，位相は $\frac{\pi}{2}$ だけ遅れる．したがって，

$$x(t) = \cos\left(2\pi t - \frac{\pi}{2}\right)$$

となる．このように正弦波は余弦波を用いて示せることを思い出して欲しい．以降は，余弦波も正弦波として取り扱う．

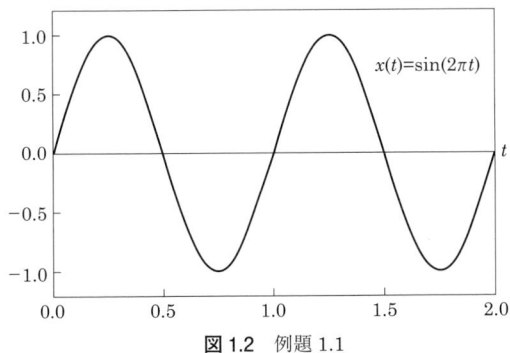

図 1.2 例題 1.1

1.2.2 サンプリング

アナログ信号の連続的な値を離散的な時間で抜き出す操作を**サンプリング**

(sampling) もしくは**標本化**という．また，抜き出した信号の値を**サンプル値** (sampling value) という．

このようなサンプリングの操作は，一定の時間間隔 T_s で実施する．このような時間間隔などは

T_s：**サンプリング周期，サンプリング間隔**（sampling period）
$F_s = \dfrac{1}{T_s}$：**サンプリング周波数**（sampling frequency）
$\Omega_s = 2\pi F_s$：**サンプリング角周波数**（sampling angular frequency）

と呼ばれる．どのような細かさで信号をサンプリングするかが問題になるが，それは 4.4 節にて説明することにする．

[**例題 1.2**] 周波数 $F = 1$，$F = 5$ の正弦波をサンプリング周波数 $F_s = 4$ でサンプリングして得られる時間信号をそれぞれ図示せよ．

(**解**) 図 1.3(a)，(b) に周波数 $F = 1$ [Hz]，$F = 5$ [Hz] をそれぞれの $F_s = 4$ [Hz] でサンプリングした信号を示す．これらのサンプリング信号は図 1.3(c) に示すように同じ

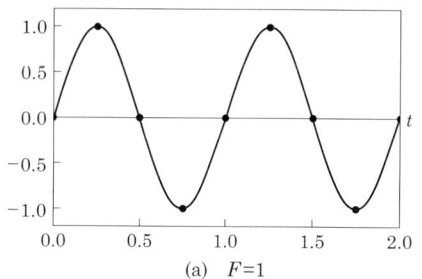
(a) $F=1$

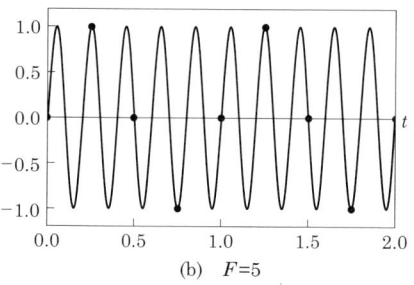
(b) $F=5$

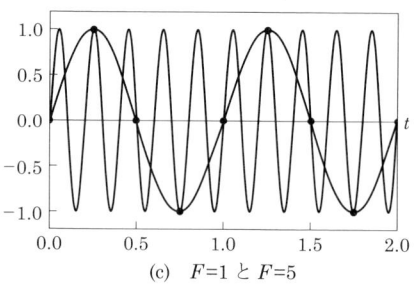
(c) $F=1$ と $F=5$

図 1.3 例題 1.2

信号である．このようなサンプリングした信号が一致するための条件が重要になるが，詳細は後節にて説明する．

1.2.3 量子化

各サンプル値をたとえば 4 ビット，8 ビットなどの有限な桁数の 2 進数で表すための操作を**量子化**（quantization）という．量子化後の値は量子化前の値（元のサンプル値）とは異なる値になる．

量子化は次式により実行する．

$$s(nT_s) = \text{round}\left[\frac{x(nT_s)}{\Delta}\right] \tag{1.2}$$

ただし，$x(nT_s)$ はサンプル値，Δ は量子化ステップ，round 関数は小数点第 1 位で四捨五入を実行する関数とする．ここで，量子化誤差 $e(nT_s)$ を次式で定義する．

$$e(nT_s) = s(nT_s) \times \Delta - x(nT_s) \tag{1.3}$$

Δ を小さな値に選べば，量子化誤差（$-\Delta/2 \sim \Delta/2$）は低減する．しかし，量子化ステップを小さくすると，それに伴い $s(nT_s)$ の種類（ビット数）が増大する．このようにビット数と量子化誤差はトレードオフの関係になっている．

ディジタル信号からアナログ信号への変換は，上述の逆の過程を行えばよい．先ず，2 進数で表された信号値を Δ の整数倍の離散値に置き換え，時刻 $t = nT_s$ 以外の信号値を何かしらの方法（たとえば，0 次ホールドなど）で補間すればよい．

[**例題 1.3**] 周波数 $F = 1\,[\text{Hz}]$ の正弦波をサンプリング周波数 $F_s = 20\,[\text{Hz}]$ でサンプリングして得られるサンプル値信号を $\Delta = 1.0, 0.1, 0.01$ で量子化し，量子化誤差を考察せよ．

(**解**) 表 1.1，図 1.4 にサンプル値，量子化後の値，量子化誤差を示す．量子化誤差は，量子化ステップ Δ を小さくすることにより量子化誤差が小さくなることを確認できる．

表 1.1 例題 1.3 の計算結果

nT_s	$x(nT_s)$	$\Delta = 1.0$			$\Delta = 0.1$			$\Delta = 0.01$		
		$s(nT_s)$	$\Delta x(nT_s)$	$e(nT_s)$	$s(nT_s)$	$\Delta x(nT_s)$	$e(nT_s)$	$s(nT_s)$	$\Delta x(nT_s)$	$e(nT_s)$
0.000	0.000	0	0.000	0.000	0	0.000	0.000	0	0.000	0.000
0.050	0.309	0	0.000	−0.309	3	0.300	−0.009	31	0.310	0.001
0.100	0.588	1	1.000	0.412	6	0.600	0.012	59	0.590	0.002
0.150	0.809	1	1.000	0.191	8	0.800	−0.009	81	0.810	0.001
0.200	0.951	1	1.000	0.049	10	1.000	0.049	95	0.950	−0.001
0.250	1.000	1	1.000	0.000	10	1.000	0.000	100	1.000	0.000
0.300	0.951	1	1.000	0.049	10	1.000	0.049	95	0.950	−0.001
0.350	0.809	1	1.000	0.191	8	0.800	−0.009	81	0.810	0.001
0.400	0.588	1	1.000	0.412	6	0.600	0.012	59	0.590	0.002
0.450	0.309	0	0.000	−0.309	3	0.300	−0.009	31	0.310	0.001
0.500	0.000	0	0.000	−0.000	0	0.000	0.000	0	0.000	0.000
0.550	−0.309	0	0.000	0.309	−3	−0.300	0.009	−31	−0.310	−0.001
0.600	−0.588	−1	−1.000	−0.412	−6	−0.600	−0.012	−59	−0.590	−0.002
0.650	−0.809	−1	−1.000	−0.191	−8	−0.800	0.009	−81	−0.810	−0.001
0.700	−0.951	−1	−1.000	−0.049	−10	−1.000	−0.049	−95	−0.950	0.001
0.750	−1.000	−1	−1.000	0.000	−10	−1.000	0.000	−100	−1.000	0.000
0.800	−0.951	−1	−1.000	−0.049	−10	−1.000	−0.049	−95	−0.950	0.001
0.850	−0.809	−1	−1.000	−0.191	−8	−0.800	0.009	−81	−0.810	−0.001
0.900	−0.588	−1	−1.000	−0.412	−6	−0.600	−0.012	−59	−0.590	−0.002
0.950	−0.309	0	0.000	0.309	−3	−0.300	0.009	−31	−0 310	−0.001
1.000	0.000	0	0.000	0.000	0	0.000	0.000	0	0.000	0.000

1.3 信号の種類

前節までに述べたサンプリングとは，連続的な時間で定義された信号を離散的な時間で定義される信号に置き換える操作である．また，量子化とは，連続的な値（大きさ）をもつ信号を離散的な値をもつ信号に置き換える操作である．したがって，信号がもつ時間と大きさのパラメータにより信号は表 1.2 のように分類する．

- アナログ信号（analog signal）： 時間と大きさがともに連続的に変化する信号．
- ディジタル信号（degital signal）： 時間と大きさがともに離散的に変化す

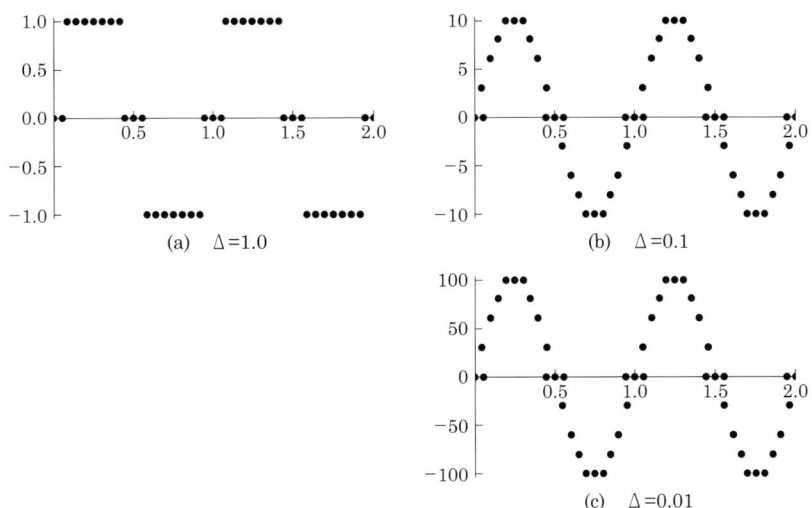

図 1.4 量子化の例

表 1.2 信号の分類

		大きさ	
		連続	離散
時間	連続	アナログ信号	多値信号
		連続時間信号	
	離散	サンプル値信号	ディジタル信号
		離散時間信号	

る信号.

- **サンプル値信号**（sampled signal）： 時間が離散的に変化，大きさが連続的に変化する信号.
- **多値信号**（multi-level signal）： 時間が連続的に変化，大きさが離散的に変化する信号.
- **連続時間信号**（continuous-time）： 時間が連続的に変化する信号.
- **離散時間信号**（discrete-time signal）： 時間が離散的に変化する信号.

ディジタル信号処理の理論では，特に断らない限り，量子化誤差のない理想的なディジタル信号を取り扱う．前述のように量子化ステップ Δ を十分に小さ

くすれば，サンプル値信号に近づく．つまり，ディジタル信号を近似的にサンプル値信号として見なすことに等しい．本書でも，量子化誤差は無視してサンプル値信号をディジタル信号として取り扱う．

1.4 信号の処理手順

アナログ信号とディジタル信号は前述のようにまったく性質の異なる信号である．この両信号を関係づけるのが，A/D 変換，D/A 変換である．

A/D 変換では，連続的なアナログ波形から不連続な数値化したパルス列へと変換する．この変換において信号の相関を正確に保つ必要がある．このディジタル信号への変換は**符号化**（coder）または**変調**（modulation）と呼ばれる．

D/A 変換では，不連続なパルス列から連続的な振幅のあるアナログ波形へと変換する．この変換において信号の相関を正確に保つ必要がある．このアナログ信号への変換は**復号化**（decoder）または**復調**（demodulation）と呼ばれる．

人は画像，音声はアナログでしか感知できない．そこで，一般的なディジタル信号における信号の処理手順は次のようになる（図 1.5 参照）．

1. アナログフィルタ（低域通過型フィルタ）により，アナログ信号の高周波成分を除去する．
2. 帯域制限されたアナログ信号を A/D 変換器（サンプリング，量子化）によりディジタル信号に変換する．
3. ディジタル信号処理システムにより目的の信号処理を行う．
4. D/A 変換器によりアナログ信号に戻す．
5. アナログフィルタ（低域通過型フィルタ）を用いて信号を平滑化する．

たとえば，CD（コンパクトディスク）では次のような信号処理の手順となる．

- 録音時
  1. マイクでアナログ信号を収集する．

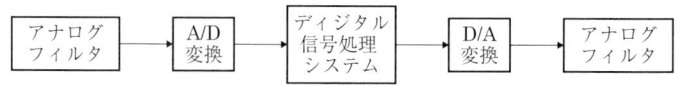

図 1.5　ディジタル信号処理の手順

2. アナログフィルタにより帯域制限（人間の可聴域に限定）する．
   3. A/D 変換器によりディジタル信号に変換する．
   4. ディジタル信号処理を行う．
   5. CD に記録する．
- 再生時
   1. CD から信号を読み出す．
   2. ディジタル信号処理を行う．
   3. D/A 変換器によりアナログ信号に戻す．
   4. アナログフィルタを用いて信号を平滑化する．
   5. スピーカを鳴らす．

1.5　A/D 変換器

A/D 変換器では，連続的なアナログ波形をサンプリングと量子化により計算機等で取り扱い可能なディジタル信号へと変換する．

通常，A/D 変換器には複数のチャンネルを入力することが可能である．チャンネル数とは，1 枚の A/D 変換器で入力可能な信号数を意味する．A/D 変換器の仕様欄にはシングルエンド入力● ch，差動入力● ch と記載されている．また，A/D 変換器には入力レンジと分解能が予め定まっている．

複数のチャンネルを入力するには，同時変換方式とマルチプレクサ方式がある．同時変換方式では，1 個のチャンネルに 1 個の A/D コンバータが対応して信号を計測する．マルチプレクサ方式では複数のチャンネルをマルチプレクサと呼ばれる切換スイッチにより 1 個の A/D コンバータを共有して信号を計測する．このため，同時変換方式の方が高速に信号を計測することができるが，一般的に A/D 変換器が高価である．

シングルエンドによる入力方式では，図 1.6 のように信号線とグランド線の 2 線で接続してグランドからの電位差で信号源の電圧を測定する．アナログ入力では最も一般的な入力方式で 1 つの信号源に対して配線が 2 線で済むが，差動入力と比較してノイズの影響を受けやすい．差動による入力方式では，2 つの信号線 A，B とグランド線の合計 3 線で信号源の電圧を測定する．グランドと A 点間の電位とグランドと B 点間の電位の差から信号源 (A-B 間) の電位を

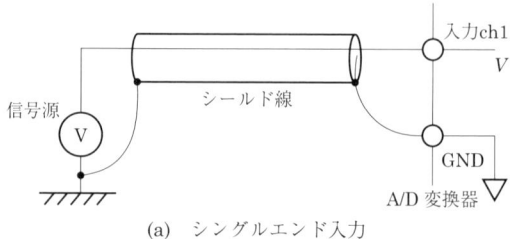
(a) シングルエンド入力

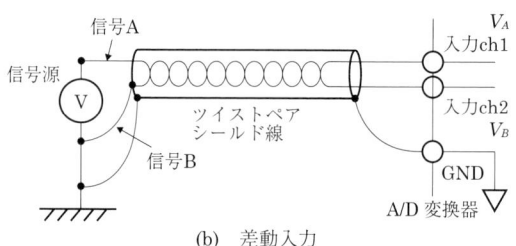
(b) 差動入力

図 1.6　入力チャンネル数

測定するため，A-B 間はグランドでの雑音（ノイズ）は相殺されてノイズの影響を受けにくいが，1つの信号源に対して配線が3線必要となるため，シングルエンド入力と比較してチャンネル数が半分になる．

　入力レンジとは，A/D 変換器に入力可能なアナログ電圧・電流の範囲である．バイポーラは双極性（-10〜$+10$ [V]，-5〜$+5$ [V]，-2.5〜$+2.5$ [V]，-1.25〜$+1.25$ [V] 等），ユニポーラは単極性（0〜$+10$ [V]，0〜$+5$ [V]，0〜$+2.5$ [V]，0〜$+1.25$ [V] 等）を意味する．入出力レンジは，信号源から出力される信号と同一もしくは少し広い範囲のレンジをもつ A/D 変換器を選定するのが基本である．高価な A/D 変換器では，入力レンジを切り替えて利用することも可能である．

　分解能とは，量子化後に表現される信号の階調数である．たとえば，8 [bit] では $2^8 = 256$ 階調，12 [bit] では $2^{12} = 4096$ 階調となる．分解能が高いほど，変換される電圧範囲が細かくなるのでアナログ信号をより正確にディジタル信号へ変換することができる．しかし，表現するための bit 数が大きくなるため，データ量は増大する．

[例題 1.4] 入力レンジ $-10 \sim +10\,[\mathrm{V}]$,分解能 8 [bit] と 12 [bit] で計測できる A/D 変換器の測定可能な最小電圧の幅(量子化ステップ)を求めよ.

(解) 8 [bit] の量子化ステップは
$$\frac{10-(-10)}{256-1} \simeq 0.0784\,[\mathrm{V}]$$
であり,12 [bit] の量子化ステップは
$$\frac{10-(-10)}{4096-1} \simeq 0.0049\,[\mathrm{V}]$$
である.

1.6 ディジタル信号処理の利点

ディジタル信号を用いた電子機器には,産業用ディジタル電子機器と民生用ディジタル電子機器がある.前者は,各種の物理量を取り扱う計測分野,IT 分野,生産分野,医療分野などにおいて使用されている機器である.他方,後者は,CD,ディジタルテレビ,ディジタルカメラ,携帯電話などが代表とされる機器である.これらの機器には,ディジタル信号処理の技術が欠かせない.

半導体部品の驚異的な発展により,ディジタル信号処理はアナログ信号処理(抵抗,コンデンサ,コイル,オペアンプなど)と比較して,経済性と信頼性の向上が期待できる.半導体部品とは,**LSI**(Large Scale Integrated circuit,大規模集積回路)や **ULSI**(Ultra LSI,超大型 LSI)を指し,これらの技術により高性能な A/D 変換器,D/A 変換器が製品化されている.この結果,

- 製品の低価格化,小型化,高信頼化を実現.
- ディジタルの利点から温度変化,経年変化に対して回路の安定性が向上.
- ソフトウェアの併用により仕様の変更や開発期間の短縮.

がディジタル信号処理として実行可能となった.

さらに,信号処理の多様化により,アナログ信号処理では困難または複雑であった処理が実行可能となった.たとえば,

- コンピュータやディジタルメモリを用いた複雑な処理が可能.
- データの圧縮・復元,データのセキュリティ化が可能.

- 並列処理，非線形処理などが可能．

となる．しかし，ディジタル機器には

- ディジタル回路のみでは構成できず，アナログ回路が必要．
- ほぼ瞬時で処理可能なアナログ回路と比較してディジタル回路には処理時間が必要．

となることに注意されたい．

〈1 章の問題〉

1.1 次の信号の振幅，角周波数，周期，初期位相を求めよ．
$$x(t) = 100\sin(10\pi t + \frac{\pi}{4})$$

1.2 ディジタル機器の例を挙げよ．

1.3 A/D 変換，D/A 変換の方式を調べよ．

1.4 入力レンジ $0\sim +5\,[\mathrm{V}]$，分解能 $8\,[\mathrm{bit}]$ で計測できる A/D 変換器の量子化ステップを求めよ．

2 信号処理システム

章の要約

本章では，離散時間信号を処理するシステムを考える．その対象とするシステムは線形時不変システムとする．離散時間信号の処理では，信号値の乗算，加減算，時間シフトの3種類の処理を組み合わせることで実現可能であることを示す．

2.1 信号の表現

2.1.1 離散信号の表現

正弦波のアナログ信号

$$x(t) = A\sin(\Omega t)$$

を定義する．ただし，A：振幅，$\Omega = 2\pi F$：角周波数，$F = \dfrac{1}{T}$：周波数，T：周期とする．この信号をサンプリング周期 T_s でサンプリング $t = nT_s$ とすると

$$x(nT_s) = A\sin(\Omega nT_s), \quad n = 0, 1, 2, \cdots \tag{2.1}$$

の離散時間信号となる．

2.1.2 正規化表現

式 (2.1) で示した離散時間信号をより簡潔に表現するため，サンプリング周期 T_s を省略する．

$$x(n) = A\sin(\omega n), \quad n = 0, 1, 2, \cdots \tag{2.2}$$

ただし，

$$\omega = \Omega T_s = \frac{\Omega}{F_s} \quad :\text{正規化角周波数}$$

$$f = \frac{\omega}{2\pi} = \frac{F}{F_s} \quad :\text{正規化周波数}$$

とする．この信号表現は，アナログ信号にはなく注意が必要である．正規化表現を用いれば，サンプリング周波数 F_s が既知であれば，非正規化表現に容易に戻すことが可能である．

2.1.3 移動平均

離散時間信号 $x(n)$ に対して3点平均を次々に計算し，その値を $y(n)$ として出力するシステム

$$y(n) = \frac{1}{3}\left(x(n) + x(n-1) + x(n-2)\right)$$

を考える．ただし，$x(n)$ は n 番目の入力，$x(n-1)$ は $n-1$ 番目の入力，$x(n-2)$ は $n-2$ 番目の入力とする．このシステムは，時刻 n が変化すると3点の平均値が次々に計算される．これは，3点移動平均と呼ばれる．

この信号システムは，

1. 各信号値 $x(n)$，$x(n-1)$，$x(n-2)$ を加算する．
2. $1/3$ を乗算する．
3. 過去の信号 $x(n-1)$，$x(n-2)$ を記憶し遅延させる．

の3種類の演算により実現されている．その一例を図2.1に示す．ただし，一部の計算処理のみを示す．

2.1.4 処理による結果の違い

$y(t) = \sin(2\pi t)$ の離散時間信号，3点平均，10点平均を図2.2に示す．10点平均では，3点平均と比較して

2.1 信号の表現

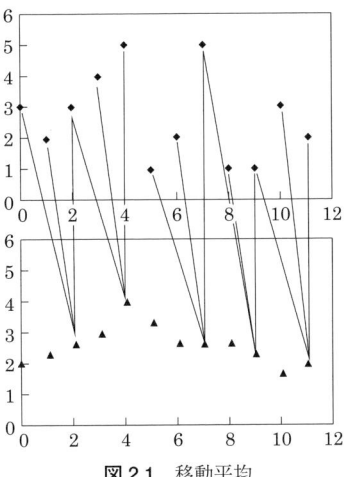

図 2.1 移動平均

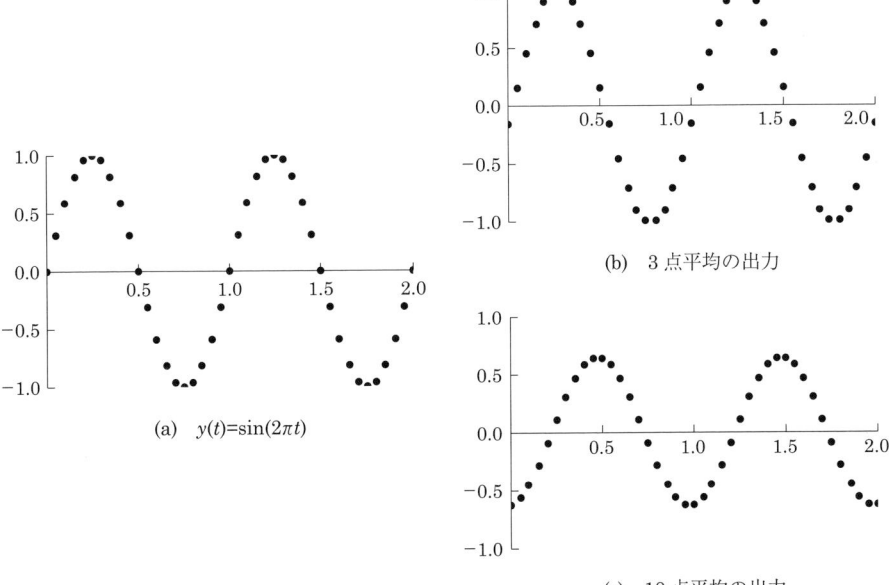

(a) $y(t)=\sin(2\pi t)$

(b) 3点平均の出力

(c) 10点平均の出力

図 2.2 移動平均

- 信号の大きさが小さくなる.
- 位相が遅れる.

ことに注意が必要である.

上記では雑音を考慮していないが,平均処理により計測時の雑音等を低減することができる.今後は,

- なぜ平均処理により信号の大きさが変わるのか？ 位相がずれるのか？
- 平均回数と大きさの変動と位相のずれとの関係は？
- 平均処理より,効果的に雑音を除去する方法は？

などを考えていく.

2.2 信号例とその性質

よく利用される離散時間信号とその性質を示す.

(a) 正弦波信号

アナログの正弦波信号をサンプリング周期 T_s でサンプリングした信号を考える.

$$x(n) = A\sin(\omega n)$$

または,

$$x(n) = A\cos(\omega n)$$

とする.ただし,

$$\omega = \Omega T_s = \frac{\Omega}{F_s} \quad :正規化角周波数$$

$$f = \frac{\omega}{2\pi} = \frac{F}{F_s} \quad :正規化周波数$$

$$F_s = \frac{1}{T_s} \quad :サンプリング周波数$$

$$\Omega_s = 2\pi F_s \quad :サンプリング角周波数$$

とする.

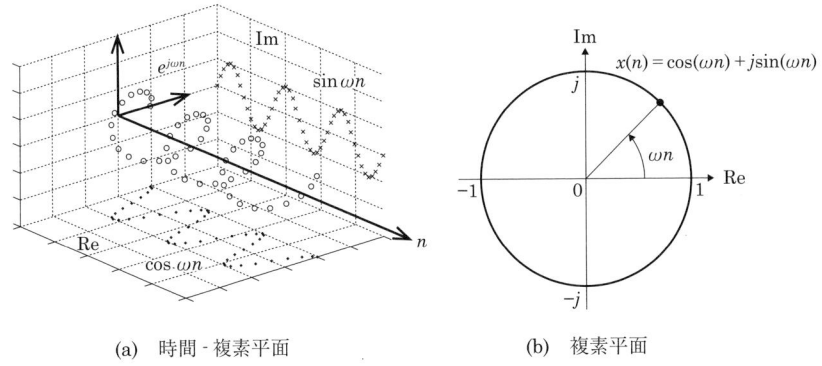

(a) 時間 - 複素平面　　　(b) 複素平面

図 2.3　複素正弦波

(b)　複素正弦波信号

正弦波信号の複素数表現として

$$e^{j\omega n} = \cos(\omega n) + j\sin(\omega n) \tag{2.3}$$

を用いる．左辺と右辺の関係はオイラーの公式である．

この式を時間との関係で図示すると図 2.3(a) となる．$e^{j\omega n}$ は図 2.3(b) の複素平面の原点を中心とした単位円（大きさ 1）の円周上に存在する．ただし，**虚数単位**（imaginary unit）は

$$j = \sqrt{-1}$$

とする．信号処理や制御の分野では i は電流を表すため，虚数単位に j を用いる．

[例題 2.1]　$\cos(\omega n)$ と $\sin(\omega n)$ を $e^{j\omega n}$ を用いて示せ．

(解)　式 (2.3) の ωn に $-\omega n$ を代入すると

$$e^{-j\omega n} = \cos(\omega n) - j\sin(\omega n) \tag{2.4}$$

となる．式 (2.3) に式 (2.4) を加算すると

$$\cos(\omega n) = \frac{e^{j\omega n} + e^{-j\omega n}}{2}$$

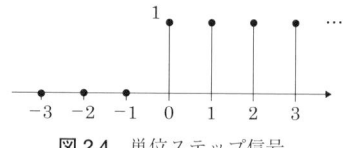

図 2.4　単位ステップ信号

式 (2.3) から式 (2.4) を減算すると

$$\sin(\omega n) = \frac{e^{j\omega n} - e^{-j\omega n}}{2j}$$

となる．

(c)　単位ステップ信号

ディジタル信号における単位ステップ信号

$$u(n) = \begin{cases} 1 & n \geq 0 \\ 0 & n < 0 \end{cases} \tag{2.5}$$

を図 2.4 に示す．

参考までにアナログ信号における単位ステップ信号は

$$u(t) = \begin{cases} 1 & t \geq 0 \\ 0 & t < 0 \end{cases}$$

である．

(d)　単位インパルス（サンプル）信号

ディジタル信号における単位インパルス

$$\delta(n) = \begin{cases} 1 & n = 0 \\ 0 & n \neq 0 \end{cases} \tag{2.6}$$

を図 2.5 に示す．

参考までにアナログ信号における単位インパルス信号は

$$\delta(t) = 0, \quad t \neq 0$$

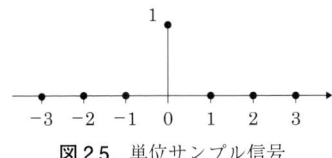

図 2.5 単位サンプル信号

である．ただし，

$$\int_{-\infty}^{\infty} \delta(t) dt = 1$$

とする．

式 (2.6) の単位インパルスの定義より，かっこ内の値が零となる n のみで 1 になる．たとえば，

$$\delta(n+1) = \begin{cases} 1 & n = -1 \\ 0 & n \neq -1 \end{cases}$$

$$\delta(n-1) = \begin{cases} 1 & n = 1 \\ 0 & n \neq 1 \end{cases}$$

である．

一般的な表現で示せば

$$\delta(n-k) = \begin{cases} 1 & n = k \\ 0 & n \neq k \end{cases} \tag{2.7}$$

となり，$n = k$ のときに 1 で他は 0 となる．上式を図 2.6 に示す．

任意の信号 $x(n)$ は，インパルス $\delta(n)$ の時間 n を移動（シフト）し，重み（乗算）をつけて加算することで表現可能である．

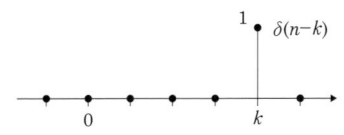

図 2.6 単位サンプル信号の一般的な表現

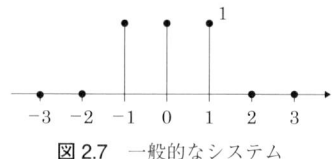

図 2.7 一般的なシステム

[例題 2.2] 図 2.7 を単位インパルスを用いて示せ．

（解）n が -1，0，1 において信号の大きさは 1 なので

$$x(n) = \delta(n+1) + \delta(n) + \delta(n-1)$$

となる．

任意の信号 $x(n)$ では，単位インパルス $\delta(t)$ を用いて

$$x(n) = \sum_{k=-\infty}^{\infty} x(k)\delta(n-k) \qquad (2.8)$$

となる．ただし，$x(k)$ は k 番目の信号の大きさとする．

2.3 線形時不変システム

信号処理において最も重要なシステムは，線形時不変システムである．前述の 3 点平均を計算するシステムもこのシステムに相当する．本節では，線形時不変システムの表現方法，重要性について説明する．

2.3.1 線形性と時不変性

信号処理システムは，入力信号 $x(n)$ を他の信号 $y(n)$ に変換するシステム（図 2.8 参照）である．ただし，ここでは入力信号 $x(n)$ を出力信号 $y(n)$ に一意的に変換すると定義し，

$$y(n) = T[x(n)]$$

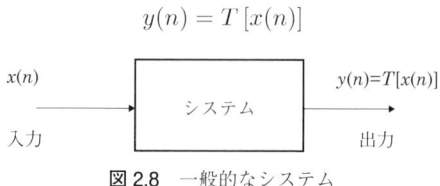

図 2.8 一般的なシステム

2.3 線形時不変システム

とする.変換の際には拘束条件により,次のように分類することができる.

(a) 時不変（シフト不変）システム

時不変システム（time-invariant system）は,**シフト不変システム**（shift-invariant system）とも呼ぶ.式で表現すると

$$y(n-k) = T[x(n-k)] \tag{2.9}$$

である.ただし,k は任意の整数とする.

時不変システムでは,入力 $x_2(n) = x_1(n-k)$ に対して同じ時間 k だけシフトした $y_2(n) = y_1(n-k)$ が出力される.

(b) 線形システム

線形システム（linear system）では次の関係が成り立つ.

$$\begin{aligned} T[ax_1(n) + bx_2(n)] &= aT[x_1(n)] + bT[x_2(n)] \\ &= ay_1(n) + by_2(n) \end{aligned} \tag{2.10}$$

(c) 線形時不変システム

システムが線形性（式 (2.10)）と時不変性（式 (2.9)）の条件を同時に満たすとき,線形時不変システムと呼ぶ.線形性と時不変の条件は独立な条件であり,一方の条件しか満たさないシステムもあるので注意が必要である.

(d) 因果性システム

因果性システム（causal system）とは,任意の時刻 n_0 における出力 $y(n_0)$ が,その時刻よりも過去の時間 $n \leq n_0$ のみの入力 $x(n_0)$ を用いて計算されるシステムである.このシステムは

$$y(n) = \sum_{k=0}^{\infty} a_k x(n-k)$$

となり,未来の入力信号に依存しない.ただし,a_k は定数とする.

特に実時間処理システムの実現では,システムが因果性を満たすことが重要になる.

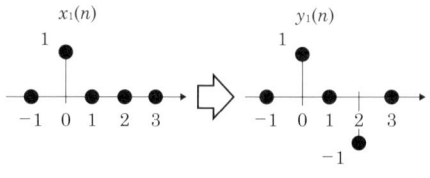

(a)　$y_1(n)=T[x_1(n)]$

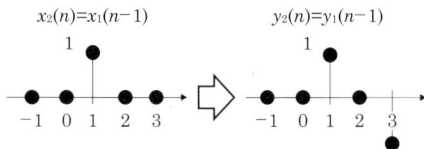

(b)　$y_2(n)=T[x_2(n)]$

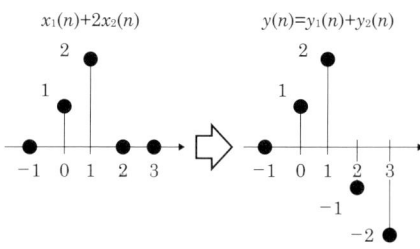

(c)　$y(n)=y_1(n)+y_2(n)$

図 2.9　例題 2.3

[例題 2.3]　単位インパルス応答

$$h(n) = \delta(n) - \delta(n-2) \tag{2.11}$$

をもつ図 2.9 の示す線形時不変システムに信号

$$x(n) = \delta(n) + 2\delta(n-1)$$

入力するときの出力信号 $y(n)$ を求めよ

（解）　この線形時不変システムでは $\delta(n-1)$ に対する出力は，単位インパルス応答が 1 サンプリング遅れて出力されることになる．

$$T[\delta(n-1)] = h(n-1) = \delta(n-1) - \delta(n-3)$$

したがって，出力 $y(n)$ は $h(n)$ と $2h(n-1)$ の出力を加算して

$$\begin{aligned}
y(n) &= h(n) + 2h(n-1) \\
&= (\delta(n) - \delta(n-2)) + 2(\delta(n-1) - \delta(n-3)) \\
&= \delta(n) + 2\delta(n-1) - \delta(n-2) - 2\delta(n-3)
\end{aligned}$$

となる．

2.3.2 たたみ込みとインパルス応答

(a) たたみ込み

線形時不変システムでは，システムにインパルスを入力した場合の出力がわかれば，任意の入力に対する出力が求められる．この点に着目してシステムの入出力の関係を一般的に表現する．インパルスを入力した場合の出力を

$$h(n) = T[\delta(n)]$$

とする．この出力 $h(n)$ を**インパルス応答**（impulse response）と呼ぶ．

線形時不変システムでは，任意の入力 $x(n)$ とそれに対応する出力 $y(n)$ の関係を

$$y(n) = \sum_{k=-\infty}^{\infty} x(k)h(n-k) \tag{2.12}$$

と記述する．上式の関係を信号 $x(n)$ と $h(n)$ の**たたみ込み**（convolution）または**直線たたみ込み**（linear convolution）と呼ぶ．

参考までにアナログ信号におけるたたみ込み（合成積）は

$$y(t) = \int_0^t x(\tau)h(t-\tau)d\tau$$

である．

また，$y(n)$ を $x(n)$ と $h(n)$ のたたみ込みを

$$y(n) = x(n) * h(n) \tag{2.13}$$

と略記することもある．変数変換により

$$y(n) = \sum_{k=-\infty}^{\infty} h(k)x(n-k) = h(n) * x(n) \tag{2.14}$$

を得ることが可能である．

たたみ込みの表現は一見複雑に見える．実用上重要な処理では，たたみ込み，すなわち，線形時不変システムが多い．

[例題 2.4] 3点平均を求めるシステム

$$y(n) = \frac{1}{3}x(n) + \frac{1}{3}x(n-1) + \frac{1}{3}x(n-2)$$

における単位インパルス応答を求めよ．

(解) 上式は3点の $x(n)$ のみを用いて出力 $y(n)$ を計算する．

$$\begin{aligned} y(n) &= \sum_{k=0}^{2} h(k)x(n-k) \\ &= h(0)x(n) + h(1)x(n-1) + h(2)x(n-2) \end{aligned}$$

つまり，0以外をもつ $h(n)$ は

$$h(0) = h(1) = h(2) = \frac{1}{3}$$

である．したがって，インパルス応答 $h(n)$ は

$$h(n) = \frac{1}{3}\delta(n) + \frac{1}{3}\delta(n-1) + \frac{1}{3}\delta(n-2)$$

である．

(b) たたみ込みの導出

たたみ込みの導出には，線形性と時不変性の条件が必要となる．

まずは，入力信号を単位インパルスで表現する．

$$y(n) = T[x(n)] = T[\sum_{k=-\infty}^{\infty} x(k)\delta(n-k)]$$

この表現では，線形性と時不変性の仮定は必要としない．

次に，線形性を仮定すると総和の変換と個々の変換の総和は等しくなるので

$$y(n) = T[\sum_{k=-\infty}^{\infty} x(k)\delta(n-k)] = \sum_{k=-\infty}^{\infty} T[x(k)\delta(n-k)]$$

となる．$x(k)$ は信号の大きさを表す定数なので変換の外へ移動する．

$$y(n) = \sum_{k=-\infty}^{\infty} T[x(k)\delta(n-k)] = \sum_{k=-\infty}^{\infty} x(k)T[\delta(n-k)]$$

インパルス応答を

$$h(n) = T[\delta(n)]$$

とし，時不変性を仮定すると

$$h(n-k) = T[\delta(n-k)]$$

となる．したがって，たたみ込み

$$y(n) = \sum_{k=-\infty}^{\infty} x(k)T[\delta(n-k)] = \sum_{k=-\infty}^{\infty} x(k)h(n-k)$$

を得る．

2.3.3 たたみ込みの実際の計算法

式 (2.12) で表現されるたたみ込みを展開すると

$$\begin{aligned}
y(n) &= \sum_{k=-\infty}^{\infty} x(k)h(n-k) \\
&= x(-\infty)h(n+\infty) + \cdots + x(-1)h(n+1) \\
&\quad + x(0)h(n) + x(1)h(n-1) + \cdots + x(\infty)h(n-\infty) \\
&= \sum_{k=-\infty}^{\infty} h(k)x(n-k) \\
&= h(-\infty)x(n+\infty) + \cdots + h(-1)x(n+1) \\
&\quad + h(0)x(n) + h(1)x(n-1) + \cdots + h(\infty)x(n-\infty)
\end{aligned}$$

となる．

たたみ込みを実際に計算する手法は

- 入力信号をインパルスに分割する手法
  1. 入力信号とインパルス応答をインパルスで表現する．
  2. 個々の入力信号の出力を加算する．
- たたみ込みの式を直接計算する手法
  1. インパルス応答を各サンプリングで計算する．
  2. 出力信号をたたみ込みで表現する．
  3. 各サンプリングでの出力を計算し加算する．

の2通りである．これらについて，次の例題にて詳細な計算方法を述べる．

［例題 2.5］ 次の信号のたたみ込みを上記の2通りの手法で計算せよ．
$$x(n) = \delta(n) - 3\delta(n-1)$$
$$h(n) = -\delta(n) + 2\delta(n-1) - \delta(n-2)$$

（解） 入力信号をインパルスに分割する手法：
1. 入力信号とインパルス応答をインパルスで表現する．
$$x(n) = \delta(n) - 3\delta(n-1)$$
$$h(n) = -\delta(n) + 2\delta(n-1) - \delta(n-2)$$
2. 個々の入力信号の出力を加算する．
$$y(n) = T[x(n)] = T[\delta(n) - 3\delta(n-1)]$$
$$= h(n) - 3h(n-1)$$
$$= (-\delta(n) + 2\delta(n-1) - \delta(n-2)) - 3(-\delta(n-1) + 2\delta(n-2) - \delta(n-3))$$
$$= -\delta(n) + 5\delta(n-1) - 7\delta(n-2) + 3\delta(n-3)$$

たたみ込みの式を直接計算する手法
1. インパルス応答を各サンプリングで計算する．
$$h(0) = -\delta(0) + 2\delta(-1) - \delta(-2) = -1$$
$$h(1) = -\delta(1) + 2\delta(0) - \delta(-1) = 2$$
$$h(2) = -\delta(2) + 2\delta(1) - \delta(0) = -1$$
$$h(3) = -\delta(3) + 2\delta(2) - \delta(1) = 0$$
$$\vdots$$

2. 出力信号をたたみ込みで表現する．

$$\begin{aligned}y(n) &= \sum_{k=-\infty}^{\infty} h(k)x(n-k) \\ &= h(0)x(n) + h(1)x(n-1) + h(2)x(n-2) \\ &= -x(n) + 2x(n-1) - x(n-2)\end{aligned}$$

3. 各サンプリングでの出力を計算し加算する．

$$y(0) = -x(0) + 2x(-1) - x(-2) = -1 + 0 - 0 = -1$$
$$y(1) = -x(1) + 2x(0) - x(-1) = -(-3) + 2 \cdot 1 - 0 = 5$$
$$y(2) = -x(2) + 2x(1) - x(0) = 0 + 2 \cdot (-3) - 1 = -7$$
$$y(3) = -x(3) + 2x(2) - x(1) = 0 + 0 + -(-3) = 3$$
$$y(4) = -x(4) + 2x(3) - x(2) = 0 + 0 + 0 = 0$$
$$\vdots$$
$$y(n) = -\delta(n) + 5\delta(n-1) - 7\delta(n-2) + 3\delta(n-3)$$

このように2手法は同じ結果を得る．

2.4 ハードウェア実現

2.4.1 演算要素

ディジタル信号処理におけるたたみ込みは，図2.10のように

1. 乗算（乗算器）
2. 加減算（加算器，減算器）
3. 信号のシフト（遅延器）

で実行される．

実際の信号処理では，

1. 数式からシステムを構成できる．
2. 構成図から数式を理解できる．
3. 構成図において信号の流れが追える．

ことが重要である．

(a) 遅延器　　(b) 乗算器

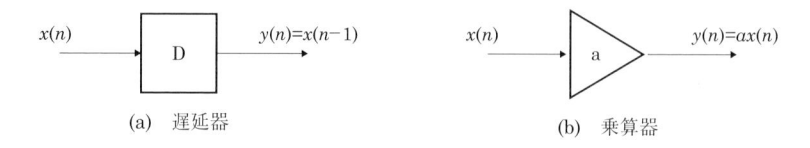

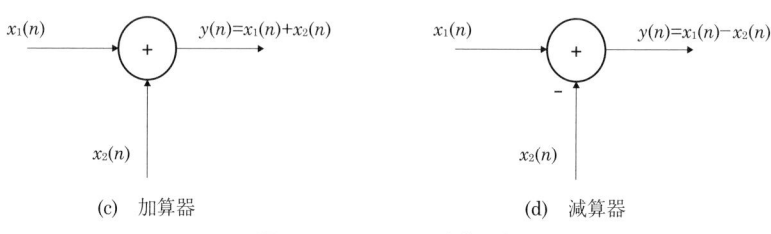

(c) 加算器　　(d) 減算器

図 2.10　システムの演算要素

2.4.2　システムの一般的な構成

一般的なシステムは

$$y(n) = \sum_{k=0}^{N-1} h(k)x(n-k) \tag{2.15}$$

で表される．ただし，式 (2.14) とは異なり有限個のたたみ込みで構成されている．このシステムは図 2.11 のように構成される．このような一般的なシステムの構成では，

- 各乗算器の値がインパルス応答 $h(n)$ に対応
- システムの構成には自由度が存在

することに注意が必要である．

2.4.3　再帰型システム

ある時刻での出力結果を用いて後の時刻の出力を求める処理をフィードバック処理と呼ぶ．このフィードバック処理を伴うシステムを**再帰型システム**（recursive system）と呼ぶ．一方，フィードバック処理を伴わないシステムを

2.4 ハードウェア実現

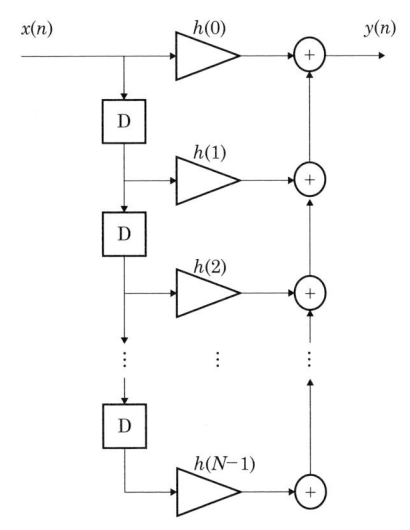

図 2.11 一般的な非再帰型システムの構成

非再帰型システム（nonrecursive system）と呼ぶ．

システムはフィードバック処理をもつことにより，より効果的に複雑な処理を実行することが可能になる．

[例題 2.6] 図 2.12 に示すシステムのインパルス応答を求めよ．

（解）図 2.12 よりシステムは次のように記述できる．

$$y(n) = x(n) + by(n-1)$$

この式はたたみ込みの表現を含まない．たたみ込みの式 (2.12) では出力を右辺にもたない．

この式が示すシステムのインパルス応答は

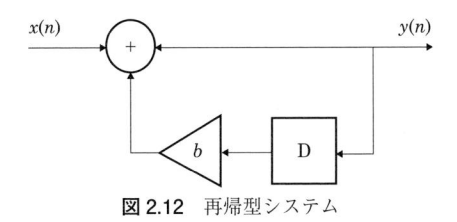

図 2.12 再帰型システム

$$y(0) = 1, \quad y(1) = b, \quad y(2) = b^2, \quad y(3) = b^3, \quad \cdots$$

となり，無限に続くインパルス応答 $h(n)$ が出力される．ただし，$y(-1) = 0$ と仮定するたたみ込みの表現を用いれば，このシステムの出力は

$$y(n) = \sum_{k=0}^{\infty} b^k x(n-k)$$

となる．

(a) フィードバックの必要性

例題 2.6 のフィードバックをもたないシステム構成を考えると，

$$y(n) = \sum_{k=0}^{\infty} b^k x(n-k)$$

のように無限個の演算（乗算，加算，遅延）が必要となり，実現不可能である．一方，フィードバックを用いると有限個の演算で実現することが可能になる．

$$y(n) = x(n) + by(n-1)$$

このように無限個のインパルス応答をもつシステムは再帰型システムで実現することが可能である．

(b) FIR システムと IIR システム

無限個のインパルス応答をもつシステムを**無限インパルス応答**（Infinite Impulse Response, **IIR**）システムと呼ぶ．また，有限個のインパルス応答をもつシステムを**有限インパルス応答** (Finite Impulse Response, **FIR**) システムと呼ぶ．

［例題 2.7］次のシステムを構成せよ．その構成からインパルス応答を求めよ．

$$y(n) = x(n) - x(n-2) + y(n-1)$$

（解）システムの構成を図 2.13(a) に示す．このインパルス応答は

$$h(0) = 1, \quad h(1) = 1, \quad h(2) = 0, \quad \cdots$$
$$h(n) = \delta(n) + \delta(n-1)$$

(a) 再帰型システム　　　　　　　　(b) 非再帰型システム

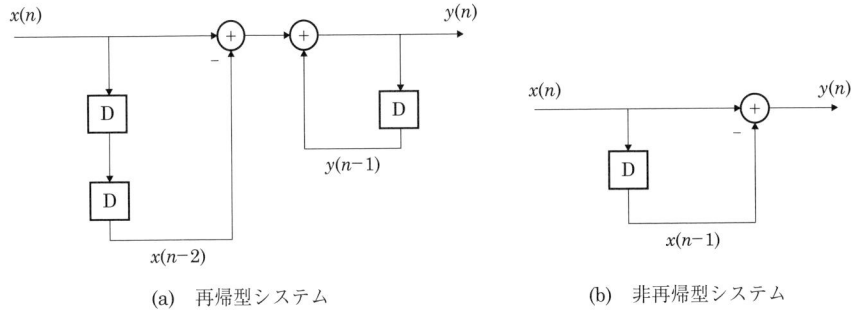

図 2.13　システムの構成例

となる．したがって，システムの出力はたたみ込みを用いて

$$y(n) = \sum_{k=0}^{1} x(k)h(n-k)$$

と表現できる．

つまり，このシステムは再帰型システムの表現になっているが，有限個のインパルス応答をもつ図 2.13(b) に示すような FIR システムになっている．

例題 2.7 のように，IIR システムは再帰型システムであるが，再帰型システムとして表現できても必ずしも IIR システムに対応するとは限らない．一方，FIR システムは非再帰型システムとなり，非再帰型システムは FIR システムとして表現できる．

2.4.4　定係数差分方程式

線形時不変システムは，たたみ込みで表現することが可能である．しかし，IIR システムを実現するためには，たたみ込みの表現では無限の演算が必要であり不便である．ここでは，IIR システムを考えるのに便利な表現を紹介する．

たたみ込み表現は，無限個のインパルス応答を用いて入出力の関係を記述する．

$$y(n) = \sum_{k=-\infty}^{\infty} x(k)h(n-k)$$

一方，次式は有限個の係数のみで記述することが可能である．

$$y(n) = \sum_{k=0}^{M} a_k x(n-k) - \sum_{k=1}^{N} b_k y(n-k) \qquad (2.16)$$

ただし，たたみ込み表現と比較して右辺に出力 $y(n)$ がある点が異なる．この表現がフィードバックを与え，IIR システムを有限に表現可能である．この表現を**定係数差分方程式**（constant coeffeicient difference equation）と呼ぶ．

(a) 初期休止条件

例題 2.6 のシステム
$$y(n) = x(n) + by(n-1)$$
を考える．このシステムのインパルス応答 $h(n)$ を求める．まず，$x(n) = \delta(n)$ を仮定し，$n=0$ を代入する．
$$y(0) = \delta(0) + by(-1)$$
ここで，$y(-1)$ は入力を加える前の初期状態の値に相当する．$y(-1)=0$ を仮定すると
$$y(0) = \delta(0) + by(-1) = 1 + 0 = 1$$
$$y(1) = \delta(1) + by(0) = 0 + b \cdot 1 = b$$
$$y(2) = \delta(2) + by(1) = 0 + b \cdot b = b^2$$
$$y(3) = \delta(3) + by(2) = 0 + b \cdot b^2 = b^3$$
$$\vdots$$
と応答を求めることができる．$y(-1)=0$ を仮定したが，この仮定がないと，このシステムは線形時不変システムに対応しない．

たとえば，$y(-1)=1$ を仮定して，入力を $x(n)=\delta(n)$ とすると
$$y(0) = \delta(0) + by(-1) = 1 + b$$
$$y(1) = \delta(1) + by(0) = 0 + b \cdot (1+b) = b + b^2$$
$$y(2) = \delta(2) + by(1) = 0 + b \cdot (b^2+b) = b^2 + b^3$$
$$y(3) = \delta(3) + by(2) = 0 + b \cdot (b^3+b^2) = b^3 + b^4$$
$$\vdots$$

となる．次に，入力を $x(n) = 2\delta(n)$ とすると

$$y(0) = 2\delta(0) + by(-1) = 2 + b$$
$$y(1) = 2\delta(1) + by(0) = 0 + b \cdot (2 + b) = 2b + b^2$$
$$y(2) = 2\delta(2) + by(1) = 0 + b \cdot (2b + b^2) = 2b^2 + b^3$$
$$y(3) = 2\delta(3) + by(2) = 0 + b \cdot (2b^2 + b^3+) = 2b^3 + b^4$$
$$\vdots$$

となる．入力が2倍になっても出力は2倍にならず，線形性を満たさない．

また，入力を $x(n) = \delta(n-1)$ とすると

$$y(0) = \delta(-1) + by(-1) = 0 + b$$
$$y(1) = \delta(0) + by(0) = 1 + b \cdot b = 1 + b^2$$
$$y(2) = \delta(1) + by(1) = 0 + b \cdot (1 + b^2) = b + b^3$$
$$y(3) = \delta(2) + by(2) = 0 + b \cdot (b + b^3) = b^2 + b^4$$
$$\vdots$$

となる．入力を1シフトしても出力は1シフトせず，時不変性を満たさない．このように，$y(-1) = 0$ を仮定しないと線形時不変システムにはならない．

たたみ込み表現に変わり，線形時不変システムの記述法の1つとして定係数差分方程式を用いたい．一般に入力を加える前に出力は零と仮定する．すなわち，時刻 $n \leq n_0$ において $x(n) = 0$ ならば $y(n) = 0$，$n < n_0$ という条件を常に仮定する．これを**初期休止条件** (initial rest condition) と呼ぶ．この条件下では，定係数差分方程式を線形定係数差分方程式と呼ぶ．

(b) 差分方程式の構成

式 (2.16) の差分方程式は，たたみ込みと同様に，乗算，加減算，遅延（信号のシフト）の演算で構成することが可能である．その構成を図 2.14 に示す．ただし，システムの構成には自由度があり，1つのシステムには複数の構成がある．

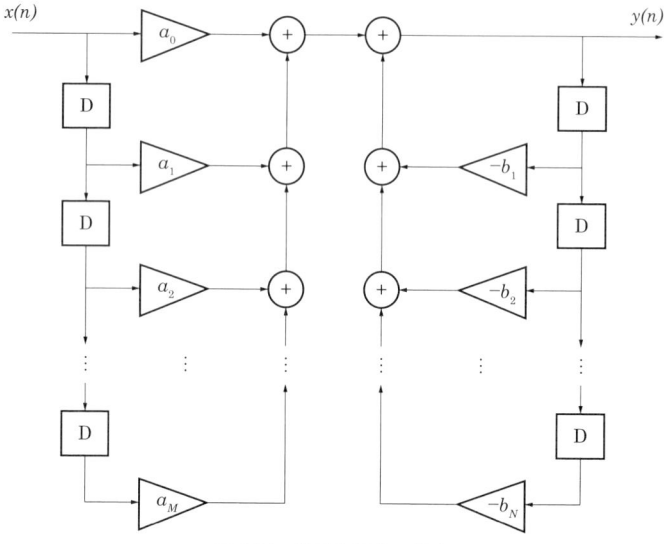

図 2.14　差分方程式の構成

2.5　システムの安定性と因果性の判別

たたみ込みの関係から，線形時不変システムのあらゆる性質はすべてインパルス応答により記述することができる．本節では，インパルス応答を用いた因果性システムと安定なシステムの判別法を示す．実際に使用可能なシステムは，両条件を満足する必要がある．

2.5.1　因果性システム

ある時刻の出力を求めるのに，その時刻より未来の入力を必要としないシステムを因果性システムと呼ぶ．線形時不変システムが，因果性を満たすための必要十分条件は

$$h(n) = 0, \quad n < 0 \tag{2.17}$$

である．つまり，負の時刻でインパルス応答 $h(n)$ が零であればよい．

$$y(n) = \sum_{k=0}^{\infty} x(k) h(n-k) = \sum_{k=0}^{\infty} x(n-k) h(k) \tag{2.18}$$

2.5.2 安定なシステム

有限な値をもつ任意の入力信号をシステムに加えたとき，出力の値が必ず有限になるシステムを安定なシステムと呼ぶ．この安定性は**有限入力有限出力安定**（Bounded Input Bounded Output Stability，**BIBO 安定**）とも呼ぶ．線形時不変システムが BIBO 安定であるための必要十分条件は，インパルス応答が絶対加算可能（有界）である．

$$\sum_{k=-\infty}^{\infty} |h(n)| < \infty \tag{2.19}$$

2.5.3 IIR システムの安定性

IIR システムは，前述のように無限個のインパルス応答 $h(n)$ をもつ．その条件から不安定なシステムになる可能性がある．一方，FIR システムでは有限なインパルス応答しかもたないので有界であり，その安定性が保証される．

線形時不変システムかつ因果性システムが BIBO 安定となる必要十分条件は

$$\sum_{k=0}^{\infty} |h(k)| < \infty \quad (\text{有界}) \tag{2.20}$$

である．システムへの入力信号を有界とし，α をある正数とし，任意の正数 n に対して

$$|x(n)| < \alpha$$

を満足する．十分性は β をある正数として

$$\sum_{k=0}^{\infty} |h(n)| < \beta$$

を仮定する．式 (2.18) を用いると

$$|y(n)| = |\sum_{k=0}^{\infty} h(k)x(n-k)|$$
$$\leq \sum_{k=0}^{\infty} |h(k)||x(n-k)|$$
$$< \alpha \sum_{k=0}^{\infty} |h(k)|$$
$$< \alpha\beta$$

となり，線形時不変かつ因果性システムの BIBO 安定が証明できる．

必要性は，次のように証明できる．線形時不変かつ因果性システムの BIBO 安定と仮定する．背理法を用いて

$$\sum_{k=0}^{\infty} |h(n)| < \infty \quad (有界)$$

となることを示す．先ずは，

$$\sum_{k=0}^{\infty} |h(n)| = \infty \tag{2.21}$$

を仮定する．次の有界な $x(n)$ を考える．

$$x(k) = \begin{cases} \mathrm{sgn}[h(n-k)] & h(n-k) \neq 0 \\ 0 & h(n-k) = 0 \end{cases} \tag{2.22}$$

ただし，sgn[●] は●が非負のときに 1，負のときに −1 となる符号を示す関数とする．これは明らかに

$$|x(n)| \leq 1$$

である．式 (2.14)，(2.21)，(2.22) より

$$|y(n)| = |\sum_{k=0}^{\infty} h(k)x(n-k)| = |\sum_{k=-\infty}^{n} h(n-k)x(k)| = |\sum_{k=-\infty}^{n} |h(n-k)||$$
$$= \sum_{k=-\infty}^{n} |h(n-k)| = \sum_{m=0}^{\infty} |h(m)| = \infty$$

となり，線形時不変かつ因果性システムが BIBO 安定とならない．これは矛盾であり，

$$\sum_{k=0}^{\infty} |h(n)| < \infty \quad (有界)$$

となる．

[**例題 2.8**]　例題 2.6 の

$$y(n) = x(n) + by(n-1)$$

のシステムが安定となる条件を求めよ．

(解)　このシステムが式 (2.19) をを満たすかどうかは，乗算器 b に依存する．このシステムのインパルス応答は b の値により挙動が変わる．その結果の一部を図 2.15 に示す．つまり，このシステムでは，

$$|b| \geq 1$$

のとき，システムは安定性の条件を満たさずに不安定となる．

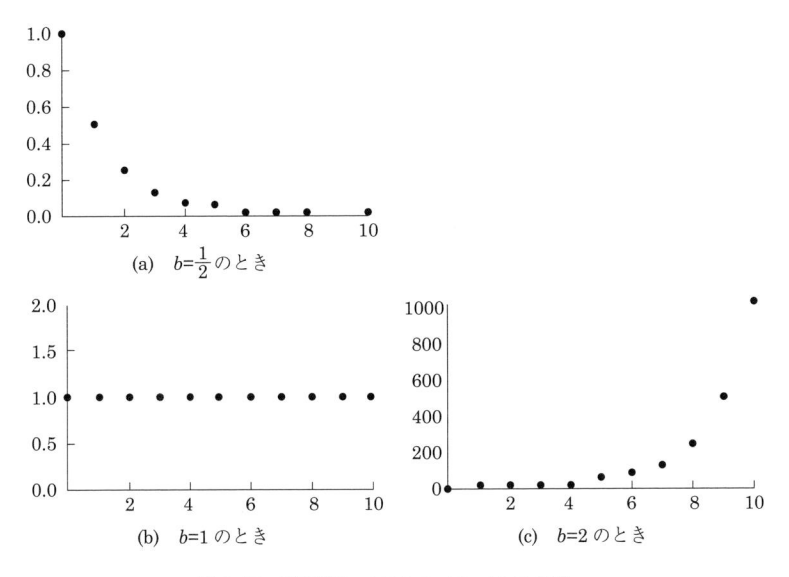

(a)　$b=\frac{1}{2}$ のとき

(b)　$b=1$ のとき

(c)　$b=2$ のとき

図 2.15　再帰型システムのインパルス応答

〈2 章の問題〉

2.1 図 2.16 に示す信号を単位インパルス信号 $\delta(n)$ を用いて示せ.

2.2 次の信号を n を横軸に図示せよ.

1. $x(n) = \delta(n+2) - 2\delta(n+1) + \delta(n-1) + 3\delta(n-2)$
2. $x(n) = u(n+1) - u(n-2)$
3. $x(n) = u(-n) + 2u(n+2)$

2.3 次のシステムを考える.

$$y(n) = x(n) + 3x(n-1) + 2x(n-2)$$

1. このシステムのインパルス応答を求めよ.
2. このシステムに単位ステップ信号を加えた場合の出力を求めよ.
3. このシステムの構成図を示せ.

2.4 図 2.17 に示すシステムを考える.

1. このシステムの入出力関係を差分方程式として示せ.
2. このシステムのインパルス応答を $n = 0, 1, 2, 3, 4, 5$ の範囲で示せ.
3. このシステムの安定性を判別せよ.

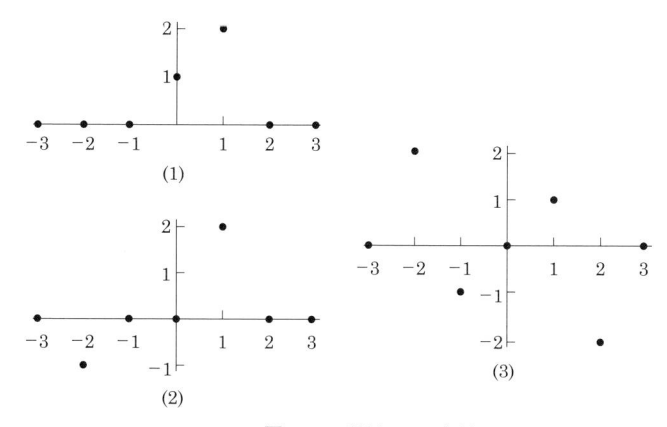

図 2.16 問題 2.1 の信号

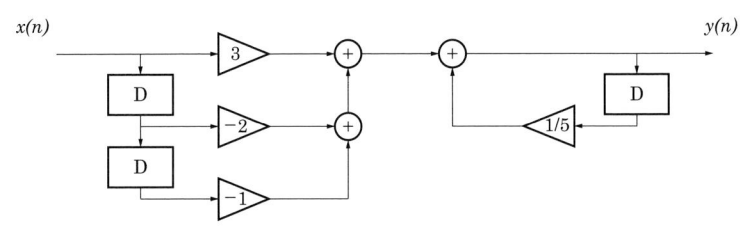

図 2.17 問題 2.4 のシステム

3 システムの伝達関数

章の要約

システムの設計や解析,システムの効率的な構成法を検討する場合,インパルス応答のように時間信号としてシステムを表現するのは不便である.そこで,本章では z 変換やフーリエ変換を用いて,信号やシステムを変換した形式でシステムを検討する.

3.1 z 変 換

3.1.1 z 変換の定義

離散時間信号 $x(n)$ の z 変換 $X(z)$ を次式で定義する.

$$X(z) = \sum_{n=-\infty}^{\infty} x(n) z^{-n} \tag{3.1}$$

数列 $x(n)$ の z 変換が $X(z)$ であるとき,次式を定義する.

$$X(z) = z[x(n)] \tag{3.2}$$

これ以降,時間信号を小文字 $x(n)$,z 変換された信号を大文字 $X(z)$ で表現する.

[例題 3.1] 単位インパルス $\delta(n)$ を z 変換せよ.

(解) インパルスの定義に注意し,z 変換の式 (3.1) に代入すると

$$z[\delta(n)] = \sum_{n=-\infty}^{\infty} \delta(n) z^{-n} = \delta(0) z^{-0} = 1$$

となる.

[例題 3.2] 単位インパルス $2\delta(n-3)$ を z 変換せよ.

(解) インパルスの定義に注意し，z 変換の式（3.1）に代入すると
$$z[2\delta(n-3)] = 2\sum_{n=-\infty}^{\infty} \delta(n-3)z^{-n} = 2\delta(0)z^{-3} = 2z^{-3}$$
となる.

3.1.2　z 変換の性質

z 変換の重要な性質を次に示す．これらの性質は常に成り立つ．

(a) 線 形 性

任意の 2 つの信号 $x_1(n)$，$x_2(n)$ の z 変換を考える．
$$X_1(z) = z[x_1(n)], \quad X_2(z) = z[x_2(n)] \tag{3.3}$$
z 変換では線形性が成り立つので
$$z[ax_1(n) + bx_2(n)] = aX_1(z) + bX_2(z) \tag{3.4}$$
となる．z 変換の定義が加算という線形演算であるので，線形性が成り立つ．

(b) 推　　移

図 3.1 の (a) と (b) の信号 $x_1(n)$ と $x_2(n)$ は 2 サンプリング時間分のデータが移動している．このような関係を推移（時間シフト）と呼ぶ．

信号 $x(n)$ の z 変換が $X[z]$ とするとき，$x(n)$ が k サンプリング時間シフトした信号の z 変換は
$$z[x(n-k)] = X(z)z^{-k} \tag{3.5}$$
となる．

これらの関係は，一方の z 変換がわかれば，それを時間シフトした他方の z 変換を容易に計算できることを示す．

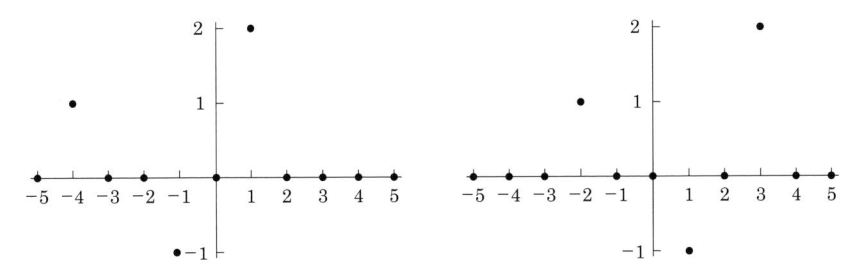

(a) $x_1(n) = \delta(n+4) - \delta(n+1) + 2\delta(n-1)$
(b) $x_2(n) = \delta(n+2) - \delta(n-1) + 2\delta(n-3)$

図 3.1 推 移

(c) たたみ込み

任意の 2 つの信号 $x_1(n)$, $x_2(n)$ の z 変換を考える.

$$X_1(z) = z[x_1(n)], \quad X_2(z) = z[x_2(n)]$$

両者がたたみ込みの関係にあるとき任意の 2 つの信号 $x_1(n)$, $x_2(n)$ の z 変換を考える.

$$z\left[\sum_{k=-\infty}^{\infty} x_1(k)x_2(n-k)\right] = X_1(z)X_2(z) \tag{3.6}$$

を証明する.

[証明]

$$z\left[\sum_{k=-\infty}^{\infty} x_1(k)x_2(n-k)\right] = \sum_{n=-\infty}^{\infty}\sum_{k=-\infty}^{\infty} x_1(k)x_2(n-k)z^{-n}$$

$$= \sum_{k=-\infty}^{\infty} x_1(k) \sum_{n=-\infty}^{\infty} x_2(n-k)z^{-n}$$

次に, $n - k = p$ とおくと上式は

$$\sum_{k=-\infty}^{\infty} x_1(k) \sum_{n=-\infty}^{\infty} x_2(n-k)z^{-n} = \sum_{k=-\infty}^{\infty} x_1(k) \sum_{p=-\infty}^{\infty} x_2(p)z^{-p-k}$$

$$= \sum_{k=-\infty}^{\infty} x_1(k)z^{-k} \sum_{p=-\infty}^{\infty} x_2(p)z^{-p}$$

$$= X_1(z)X_2(z)$$

となり,式 (3.6) を導出できる.

3.2 システムの伝達関数

インパルス応答に替わる表現としてシステムの伝達関数を定義する.前述した IIR システムのようにインパルス応答では無限の表現が必要になるシステムに対しても,伝達関数はより簡潔で有限な表現を与える.

3.2.1 システムの伝達関数

伝達関数の定義:

線形時不変システムの出力信号 $y(n)$ では,式 (2.12) より入力信号 $x(n)$ とインパルス応答 $h(n)$ との間に,たたみ込みが成立する.

$$y(n) = \sum_{k=-\infty}^{\infty} h(k)x(n-k) \tag{3.7}$$

z 変換のたたみ込みの性質より

$$Y(z) = H(z)X(z) \tag{3.8}$$

となる.ここで,$H(z)$ をシステムの**伝達関数**(transfer function)と呼ぶ.伝達関数 $H(z)$ はインパルス応答 $h(n)$ の z 変換に相当する.または,入出力信号の z 変換の比

$$H(z) = \frac{Y(z)}{X(z)} \tag{3.9}$$

と変形できる.

伝達関数 $H(z)$ から逆にインパルス応答 $h(n)$ を後述する逆 z 変換により求めることができる.インパルス応答 $h(n)$ と伝達関数 $H(z)$ はシステムの同じ情報を異なる形でもっている.

3.2.2 非再帰型システムの伝達関数

2.4.3 項で述べたように非再帰型システムは FIR システムでもある.非再帰型システムの伝達関数を求めるには,2 つのアプローチがある.

3.2 システムの伝達関数

1. インパルス応答を用いた手法

    インパルス応答 $h(n)$ を求める．

    インパルス応答 $h(n)$ の z 変換（伝達関数）を求める．

2. 入出力信号の関係を用いた手法

    入出力信号を z 変換する．

    式を整理して伝達関数 $H(z)$ を求める．

詳細な計算手法は，次の例題で示す．

[**例題 3.3**] 次の 3 点平均を求めるシステム

$$y(n) = \frac{1}{3}\left(x(n) + x(n-1) + x(n-2)\right) \tag{3.10}$$

の伝達関数を求めよ．

(**解**) インパルス応答を用いた手法
このシステムのインパルス応答は

$$h(n) = \frac{1}{3}\left(\delta(n) + \delta(n-1) + \delta(n-2)\right)$$

となる．この式を z 変換すると

$$H(z) = \frac{1}{3}\left(1 + z^{-1} + z^{-2}\right) \tag{3.11}$$

となり伝達関数 $H(z)$ が求められる．

<u>入出力信号の関係を用いた手法</u>
このシステムを入出力信号の関係より伝達関数を求める．先ずは入出力信号 $x(n)$, $y(n)$ の z 変換を

$$Y(z) = z[y(n)], \quad X(z) = z[x(n)]$$

とする．時間シフトの性質より

$$z[x(n-1)] = X(z)z^{-1}, \quad z[x(n-2)] = X(z)z^{-2}$$

となる．式（3.10）を z 変換すると

$$Y(z) = \frac{1}{3}\left(X(z) + X(z)z^{-1} + X(z)z^{-2}\right) = \frac{1}{3}\left(1 + z^{-1} + z^{-2}\right)X(z) \tag{3.12}$$

となる．入力信号と出力信号の関係より，伝達関数は

$$H(z) = \frac{Y(z)}{X(z)} = \frac{1}{3}\left(1 + z^{-1} + z^{-2}\right) \tag{3.13}$$

となり，式（3.11）と一致する．

インパルス応答を用いた手法も入出力信号の関係を用いた手法も伝達関数 $H(z)$ を求めることに本質的な差異はない．

(a) 伝達関数の一般形

非再帰型システムの一般的な伝達関数を考える．因果性を満たす非再帰型システムは次式で表現できる．

$$y(n) = \sum_{k=0}^{N-1} h(k)x(n-k)$$
$$= h(0)x(n-0) + h(1)x(n-1) + \cdots + h(N-1)x(n-N+1)$$

この式は，たたみ込みの特殊な場合

$$h(N) = h(N-1) = \cdots = h(\infty) = 0$$
$$h(-1) = h(-2) = \cdots = h(-\infty) = 0$$

に相当する．上式の z 変換は，

$$Y(z) = \left[\sum_{k=0}^{N-1} h(k)z^{-k}\right] X(z)$$

となる．このシステムの伝達関数は

$$H(z) = \frac{Y(z)}{X(z)} = \sum_{k=0}^{N-1} h(k)z^{-k} \tag{3.14}$$

となる．伝達関数 $H(z)$ の z の係数が，直接インパルス応答に対応する．$H(z)$ は z の多項式であり，この多項式の次数を伝達関数の**次数**（order）という．上式の伝達関数の次数は $N-1$ である．

(b) 伝達関数の構成

式 (3.14) の伝達関数を考える．

$$H(z) = \frac{Y(z)}{X(z)} = \sum_{k=0}^{N-1} h(k)z^{-k}$$

上式のハードウェア構成を図 3.2 に示す．

3.2 システムの伝達関数

図 3.2 非再帰型システム

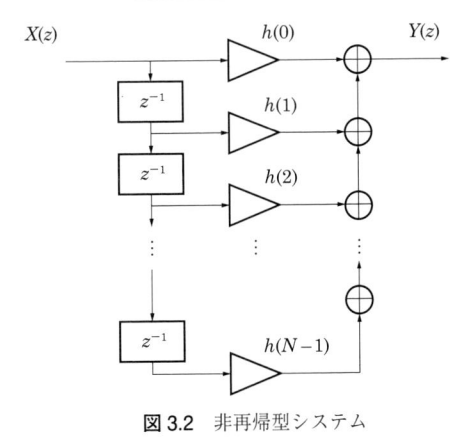

z^{-1} は先に述べた遅延器 D に相当する．この遅延器における入出力信号の関係は

$$y(n) = x(n-1)$$
$$Y(z) = X(z)z^{-1}$$

となる．すなわち，遅延器 D の伝達関数は z^{-1} である．

[**例題 3.4**] 図 3.3 に示すシステムの伝達関数を求めよ．

（**解**） 図 3.3 のシステムは，
$$y(n) = -x(n) + 3x(n-1) + 2x(n-2)$$
である．この式を z 変換すると
$$Y(z) = \left(-1 + 3z^{-1} + 2z^{-2}\right) X(z)$$

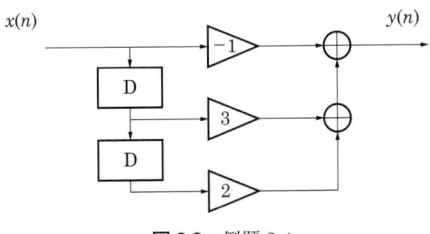

図 3.3 例題 3.4

となり，伝達関数は

$$H(z) = -1 + 3z^{-1} + 2z^{-2}$$

となる．

3.2.3 再帰型システムの伝達関数と極

フィードバックをもつ再帰型システムを考える．IIR システムは再帰型システムで実現される．ここで，伝達関数から極と零点を定義する．

(a) 伝達関数の導出法

2.4.3 項で取り扱った次のフィードバックシステムを考える．

$$y(n) = x(n) + by(n-1) \tag{3.15}$$

この式は，定係数差分方程式である．

両辺を z 変換すると

$$Y(z) = X(z) + bY(z)z^{-1}$$
$$(1 - bz^{-1})Y(z) = X(z)$$
$$Y(z) = \frac{1}{1 - bz^{-1}} X(z)$$

伝達関数は

$$H(z) = \frac{1}{1 - bz^{-1}} \tag{3.16}$$

となる．

(b) 伝達関数の一般形

定係数差分方程式の一般形は，式 (2.16) より

$$y(n) = \sum_{k=0}^{M} a_k x(n-k) - \sum_{k=1}^{N} b_k y(n-k)$$

である．上式の両辺を z 変換すると

$$Y(z) = \sum_{k=0}^{M} a_k X(z) z^{-k} - \sum_{k=1}^{N} b_k Y(z) z^{-k}$$

となる．伝達関数 $H(z)$ は

$$H(z) = \frac{Y(z)}{X(z)} = \frac{\sum_{k=0}^{M} a_k z^{-k}}{1 + \sum_{k=1}^{N} b_k z^{-k}} \tag{3.17}$$

である．

式 (3.17) が再帰型システムの伝達関数の一般形になる．分子と分母にある整数 M と N の大きい方の値を伝達関数の次数とする．

- 伝達関数の分子は，入力 $x(n-k)$ の係数から決定する．
- 伝達関数の分母は，出力 $y(n-k)$ の係数に対応し，フィードバック項を決定する．
- すべての b_k が 0 のときが，非再帰型システムに対応する．
- 伝達関数の分母の係数 b_k は $y(n-k)$ の係数 $-b_k$ と逆符号になる．

[**例題 3.5**] 図 3.4 に示すシステムの伝達関数を求めよ

(**解**) 図 3.4 のシステムは，

$$y(n) = 2x(n) - 3x(n-1) + x(n-2) + \frac{1}{2}y(n-1)$$

である．この式を z 変換すると

$$Y(z) = \left(2 - 3z^{-1} + z^{-2}\right) X(z) + \frac{1}{2}Y(z)z^{-1}$$

$$\left(1 - \frac{1}{2}z^{-1}\right) = \left(2 - 3z^{-1} + z^{-2}\right) X(z)$$

$$Y(z) = \frac{2 - 3z^{-1} + z^{-2}}{1 - 0.5z^{-1}} X(z) = (2 - 2z^{-1})X(z) \tag{3.18}$$

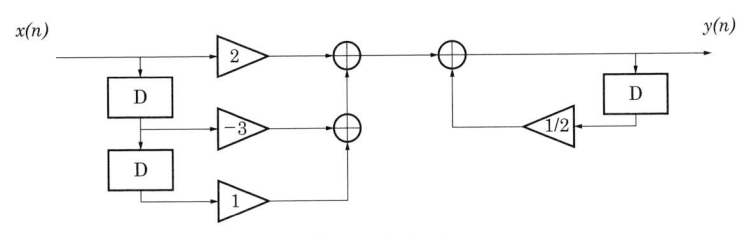

図 3.4 例題 3.5

となり，伝達関数は

$$H(z) = 2 - 2z^{-1}$$

となる．再帰型システムであるが，非再帰型システムで表せる．

(c) 極と零点

伝達関数の特徴を調べる際に，**極**（pole）と**零点**（zero）がよく利用される．式 (3.17) より伝達関数は，分母も分子も z の多項式である．これらの多項式は z の次数と同等の数の根をもつ．

$$H(z) = 0$$

となる z の根を零点と呼び，分子多項式の根に対応する．一方，

$$H(z) = \infty$$

となる z の根を極と呼び，分母多項式の根に対応する．

[例題 3.6] 次の伝達関数の極，零点を求めよ．

$$H(z) = 1 - 3z^{-1} + 2z^{-2}$$

（解）　上の伝達関数を因数分解すると

$$H(z) = \frac{z^2 - 3z^1 + 2}{z^2} = \frac{(z-1)(z-2)}{z^2}$$

となる．したがって，零点は

$$z_{01} = 1, \quad z_{02} = 2$$

の 2 つであり，極は

$$z_{p1} = z_{p2} = 0$$

の 2 つ（重根）である．このように非再帰型システムのすべての極は，必ず原点に存在する．これらを図 3.5 に示す．

[例題 3.7] 次の伝達関数の極，零点を求めよ．

$$H(z) = \frac{1 - z^{-1}}{1 + z^{-1} + z^{-2}}$$

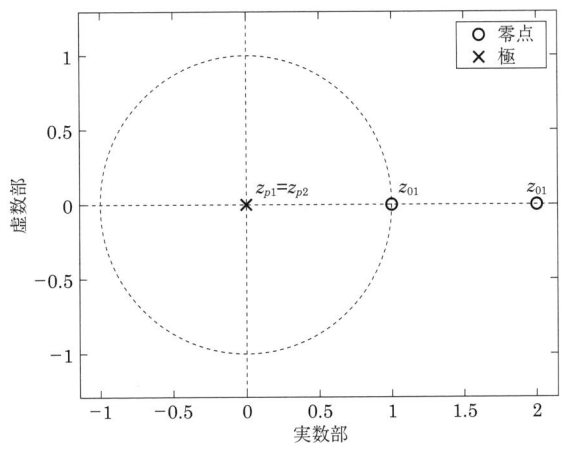

図 3.5　極と零点

(解) この伝達関数を因数分解すると

$$H(z) = \frac{z^2 - z^1}{z^2 + z^1 + 1}$$
$$= \frac{z(z-1)}{\left(z - \left(-1/2 + j\sqrt{3/4}\right)\right)\left(z - \left(-1/2 - j\sqrt{3/4}\right)\right)}$$

となる．したがって，零点は

$$z_{01} = 0, \quad z_{02} = 1$$

の 2 つであり，極は

$$z_{p1} = -1/2 + j\sqrt{3/4}, \quad z_{p2} = -1/2 - j\sqrt{3/4}$$

の 2 つである．これらを図 3.6 に示す．

3.3 逆 z 変換とシステムの安定性

3.3.1 逆 z 変換の計算法

$X(z)$ の逆 z 変換 $x(n)$ を次式で表す．

$$x(n) = z^{-1}[X(n)] \tag{3.19}$$

図 3.6 極と零点

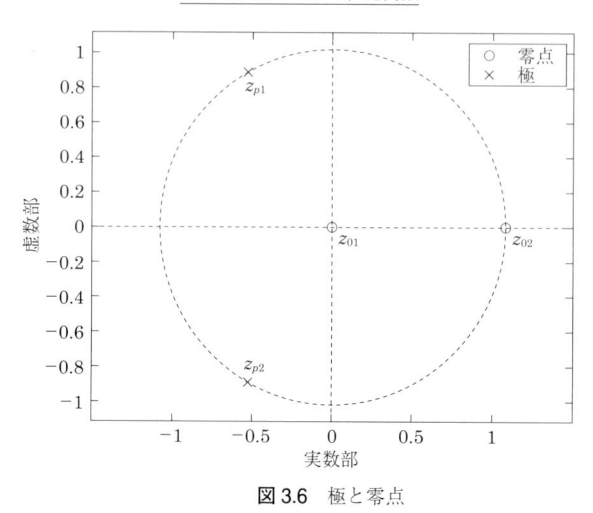

この逆 z 変換は，厳密には次式の複素積分により計算する．

$$x(n) = \frac{1}{2\pi j} \oint_C X(z) z^{n-1} dz$$

ただし，積分路 C は，収束領域内での原点を内部に含む半時計方向の円周路である．この計算は非常に複雑であるが，ここでは簡単に実行可能な逆 z 変換法を紹介する．

(a) べき級数展開法

$X(z)$ が z の多項式（べき級数）で与えられる場合，離散時間信号 $x(n)$ は，各 z の係数

$$z[\delta(n)] = 1, \quad z[\delta(n-1)] = z^{-1}, \quad \cdots, \quad z[\delta(n-k)] = z^{-k}, \quad \cdots$$

に対応する．

［例題 3.8］ 次の伝達関数の逆 z 変換を求めよ．

$$X(z) = \frac{1}{3}(1 + z^{-1} + z^{-2})$$

（解） 右辺の各項を逆 z 変換すると

$$x(n) = z^{-1}[X(z)]$$
$$= \frac{1}{3}(\delta(n) + \delta(n-1) + \delta(n-2))$$

となる.

[例題 3.9] 次の伝達関数の逆 z 変換を求めよ.
$$X(z) = \frac{1}{1 - bz^{-1}}$$

(解) 上式はべき級数ではないが,次のようにべき級数に展開することができる.
$$X(z) = \frac{1}{1 - bz^{-1}}$$
$$= 1 + bz^{-1} + b^2 z^{-2} + b^3 z^{-3} + \cdots$$

この展開は,次の多項式の除算により理解できる.

$$\begin{array}{r}
1 + bz^{-1} + b^2 z^{-2} + \cdots \\
1 - bz^{-1} \overline{\smash{\big)}\, 1} \\
\underline{1 - bz^{-1}} \\
bz^{-1} \\
\underline{bz^{-1} - b^2 z^{-2}} \\
b^2 z^{-2} \\
\underline{b^2 z^{-2} - b^3 z^{-3}} \\
b^3 z^{-3}
\end{array}$$

したがって,逆 z 変換は
$$x(n) = z^{-1}[X(z)] = \delta(n) + b\delta(n-1) + b^2\delta(n-2) + b^3\delta(n-3) + \cdots$$
$$= \sum_{k=0}^{\infty} b^k \delta(n-k) = b^n u(n)$$

となる.

このように z のべき級数に展開し,逆 z 変換をする方法をべき級数展開法という.

(b) 部分分数展開法

式を部分分数に展開し,前述の逆 z 変換より一般的な関数の逆 z 変換を考える. z 変換を使用する上で,最も重要となる z 変換を表 3.1 に示す.

表 3.1　z 変換表

離散時間関数	z 変換
$\delta(n)$	1
$u(n)$	$\dfrac{1}{1-z^{-1}}$
$a^n u(n)$	$\dfrac{1}{1-az^{-1}}$
$\sin(\omega n)u(n)$	$\dfrac{(\sin\omega)z^{-1}}{1-2(\cos\omega)z^{-1}+z^{-2}}$
$\cos(\omega n)u(n)$	$\dfrac{1-(\cos\omega)z^{-1}}{1-2(\cos\omega)z^{-1}+z^{-2}}$
$e^{-\alpha n}\sin(\omega n)u(n)$	$\dfrac{e^{-\alpha}(\sin\omega)z^{-1}}{1-2e^{-\alpha}(\cos\omega)z^{-1}+e^{-2\alpha}z^{-2}}$
$e^{-\alpha n}\cos(\omega n)u(n)$	$\dfrac{1-e^{-\alpha}(\cos\omega)z^{-1}}{1-2e^{-\alpha}(\cos\omega)z^{-1}+e^{-2\alpha}z^{-2}}$

信号処理で取り扱う有理関数の逆 z 変換は，表 3.1 とラプラス変換でよく利用されるヘビサイドの定理により計算できる．

1) 重複極がない場合

伝達関数 $X(z)$ の極を λ_i（0 を含む）とし，$X(z)$ を部分分数に展開すると

$$X(z) = \frac{\sum_{k=0}^{M} a_k z^{-k}}{1+\sum_{k=1}^{N} b_k z^{-k}} = \sum_{i=1}^{N} \frac{\alpha_i}{1-\lambda_i z^{-1}}$$

となる．これらの係数 α_i は，係数比較により求めることもできるが，ヘビサイドの定理より

$$\alpha_i = \lim_{z\to\lambda_i}(1-\lambda_i z^{-1})X(z) = (1-\lambda_i z^{-1})X(z)\big|_{z=\lambda_i}$$

のように容易に求められる．

2) 重複極がある場合

伝達関数 $X(z)$ の極 λ_j が r_i 重複するとし，$X(z)$ を部分分数に展開すると

3.3 逆 z 変換とシステムの安定性

$$X(z) = \sum_{i \neq j, i=1}^{N} \frac{\alpha_i}{1 - \lambda_i z^{-1}} + \sum_{k=1}^{r_i} \frac{\alpha_{jk}}{(1 - \lambda_j z^{-1})^k}$$

となる．これらの係数 α_{jk} は，ヘビサイドの定理より

$$\alpha_{jr_{i-k}} = \frac{1}{k!} \lim_{z \to \lambda_j} \frac{d^k}{dz^k} \left\{ (1 - \lambda_j z^{-1})^{r_i} X(z) \right\}$$

となる．

[**例題 3.10**] 次の伝達関数の逆 z 変換を求めよ．

$$X(z) = \frac{1}{1 - 1.5z^{-1} + 0.5z^{-2}}$$

(**解**) <u>Step1: ヘビサイドの方法により展開する．</u>
$X(z)$ をヘビサイドの方法で展開する．

$$X(z) = \frac{1}{(1 - 0.5z^{-1})(1 - z^{-1})} = \frac{\alpha_1}{(1 - 0.5z^{-1})} + \frac{\alpha_2}{(1 - z^{-1})}$$

上式の極は，0.5, 1 の 2 個である．したがって，各項の係数 α_1, α_2 は

$$\alpha_1 = \lim_{z \to 0.5} (1 - 0.5z^{-1}) \cdot X(z) = \left. \frac{1}{(1 - z^{-1})} \right|_{z=0.5} = -1,$$

$$\alpha_2 = \lim_{z \to 1} (1 - z^{-1}) \cdot X(z) = \left. \frac{1}{(1 - 0.5z^{-1})} \right|_{z=1} = 2$$

となる．
<u>Step2: 各項の表 3.1 に対応する因子を見つけて逆 z 変換する．</u>

$$X(z) = -\frac{1}{(1 - 0.5z^{-1})} + \frac{2}{(1 - z^{-1})}$$

各項を逆 z 変換すると

$$\begin{aligned} x(n) &= Z^{-1}[X(z)] \\ &= -(0.5)^n u(n) + 2u(n) \end{aligned} \tag{3.20}$$

となる．

このように高次の関数を部分分数展開すると，複数個の低次の逆 z 変換の問題に帰着することができる．このような逆 z 変換を部分分数展開法と呼ぶ．

3.3.2 極によるシステムの安定判別

2.5 節にて，インパルス応答を用いた線形シフト不変システムの安定判別法（インパルス応答の絶対加算が有界）を紹介した．

$$\sum_{n=-\infty}^{\infty} |h(n)| < \infty$$

この安定判別法では，IIR システムでは無限個のインパルス応答を用いて行うため，非常に複雑である．

以下では，伝達関数の極を用いることにより，無限個のインパルス応答を意識せずに安定判別を行えることを示す．

伝達関数とインパルス応答：

伝達関数 $H(z)$ はインパルス応答 $h(n)$ を z 変換したものである．したがって，伝達関数を逆 z 変換すれば，伝達関数 $H(z)$ からインパルス応答 $h(n)$ を求めることが可能である．

［例題 3.11］ 次の伝達関数が安定であるための条件を求めよ．

$$H(z) = \frac{1}{1 - bz^{-1}} = \frac{z}{z - b}$$

（解） 上式の零点は $z_\theta = 0$，極は $z_p = b$ である．また，上式を逆 z 変換すればインパルス応答は

$$h(n) = b^n u(n)$$

となる．このシステムが安定であるためには

$$|b| < 1$$

が条件となる．

［例題 3.12］ 次の伝達関数が安定であるための条件を求めよ．

$$H(z) = \frac{A_1}{1 - b_1 z^{-1}} + \frac{A_2}{1 - b_2 z^{-1}}$$

（解） この式は，2 次の伝達関数を部分分数展開したものである．ここで，b_1, b_2 は伝達関数の極であることに注意する．逆 z 変換を行うと，インパルス応答は

$$h(n) = A_1 b_1^n u(n) + A_2 b_2^n u(n)$$

このシステムが安定であるためには

$$|b_1| < 1, \quad |b_2| < 1$$

であればよい．

例題 3.11 より，b の値は伝達関数の極に一致するので極の絶対値が 1 より小さければよい．また，例題 3.12 より，2 つの極の絶対値がともに 1 より小さければよい．

このように極を調べれば安定性を判別できるので，逆 z 変換を行う前に極の大きさから同じ結論を容易に導くことができる．

- すべての極が複素平面の単位円内：安定
- 極が複素平面の単位円外：不安定
- 極が複素平面の単位円上：不安定

以上より，伝達関数のすべての極の絶対値が 1 より小さいときに，そのシステムは安定となる．ただし，極は複素数となるので注意する．これらの関係を図 3.7 に示す．

3.4　システムの周波数特性

3.4.1　システムの周波数特性

(a)　振幅特性と位相特性

線形時不変システムでは，図 3.8 のように正弦波信号

$$x(n) = \cos(\omega n)$$

を入力するとき，出力信号は

$$y(n) = A(\omega)\cos(\omega n + \theta(\omega))$$

となる．ここで，注意するのは，次の 3 点である．

- 出力も同じ周波数 ω をもつ正弦波信号となる．
- システムは正弦波信号の大きさ $A(\omega)$ と位相 $\theta(\omega)$ のみを変化させる．

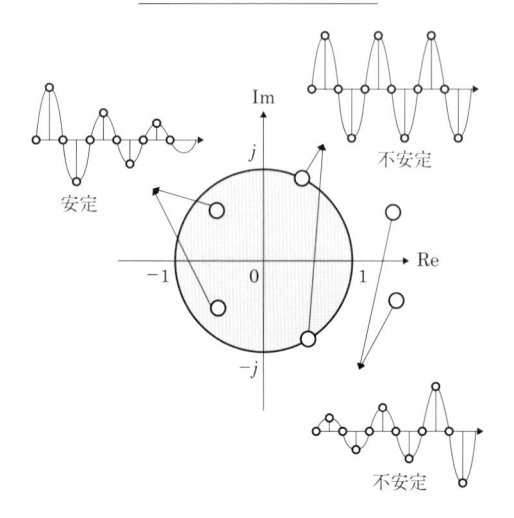

図 3.7　極と安定性の関係

- 大きさ $A(\omega)$ と位相 $\theta(\omega)$ は周波数 ω の関数であり，入力信号の周波数により異なる．

大きさ $A(\omega)$ を**振幅特性**（amplitude characteristics）と呼び，入力信号と出力信号の大きさの関係（振幅の比）を示す．

位相 $\theta(\omega)$ を**位相特性**（phase characteristics）と呼び，入力信号と出力信号の位相差の関係を示す．

システムの**周波数特性**（frequency characteristics）とは，振幅特性と位相特性の両者を含む表現である．

もし，すべての周波数 ω についてシステムの周波数特性を調べることができれば，任意の正弦波信号に対する出力をその結果から容易に計算できる．正弦波信号以外の入力に対する出力も，この周波数特性から求めることができる．周波数特性は，線形時不変システムのすべての能力を表現する．

(b) 複素正弦波信号入力

複素正弦波信号を入力として，その出力を考える．入力信号を

$$x(n) = e^{j\omega n} = \cos(\omega n) + j\sin(\omega n)$$

3.4 システムの周波数特性

図3.8 線形時不変システムの入出力信号の関係

とし，たたみ込みの式に上式を代入する．

$$y(n) = \sum_{k=-\infty}^{\infty} h(k)x(n-k) = \sum_{k=-\infty}^{\infty} h(k)e^{j\omega(n-k)}$$
$$= e^{j\omega n} \sum_{k=-\infty}^{\infty} h(k)e^{-j\omega k} \tag{3.21}$$

上式の右辺の一部を

$$H(e^{j\omega}) = \sum_{k=\infty}^{\infty} h(k)e^{-j\omega k} \tag{3.22}$$

とする．この式は複素数値なので，極座標に変形できる．

$$H(e^{j\omega}) = A(\omega)e^{j\theta(\omega)} \tag{3.23}$$

上式を式 (3.21) へ代入すると

$$y(n) = e^{j\omega n} A(\omega)e^{j\theta(\omega)} = A(\omega)e^{j(\omega n + \theta(\omega))}$$
$$= A(\omega)\left(\cos(\omega n + \theta(\omega)) + j\sin(\omega n + \theta(\omega))\right) \tag{3.24}$$

になる．ここで，$H(e^{j\omega})$ は周波数特性，$A(\omega)$ は振幅特性，$\theta(\omega)$ は位相特性と呼ぶ．

上式は次の3点を結論とする．

- 複素正弦波信号に対する出力信号も，正弦波信号と同様に，大きさと位相のみが入力信号と異なる．
- 大きさと位相の特性を入力信号と独立に知ることができる．
- 任意の正弦波信号に対する入出力信号の関係を，インパルス応答を用いて計算できる．

3.4.2 伝達関数と周波数特性

周波数特性は

(a) インパルス応答を用いた計算手法
(b) 伝達関数を用いた計算手法

の2通りで計算ができる．

インパルス応答が無限に続く IIR システムでは，後者の計算法がより便利で実際的である．

(a) インパルス応答を用いた計算手法

インパルス応答が既知であるとき，式 (3.22) に直接代入すれば周波数特性が求められる．

$$H(e^{j\omega}) = \sum_{k=-\infty}^{\infty} h(k) e^{-j\omega k}$$

インパルス応答が有限な FIR システムでは，上式より周波数特性は容易に計算可能である．しかし，IIR システムでは，無限個のインパルス応答の総和を計算する必要があり，その計算は容易ではない．

(b) 伝達関数を用いた計算

伝達関数を用いた周波数特性の計算手順は（図 3.9）

1. $z = e^{j\omega}$ を伝達関数 $H(z)$（インパルス応答の z 変換）に代入する．
2. $H(e^{j\omega})$ の式を整理して，次式の形に変形する．

$$H(e^{j\omega}) = A(\omega) e^{j\theta(\omega)} : 周波数特性 \quad (3.25)$$

3. 振幅特性，位相特性を求める．

$$A(\omega) : 振幅特性 \quad (3.26)$$

$$\theta(\omega) : 位相特性 \quad (3.27)$$

3.4 システムの周波数特性

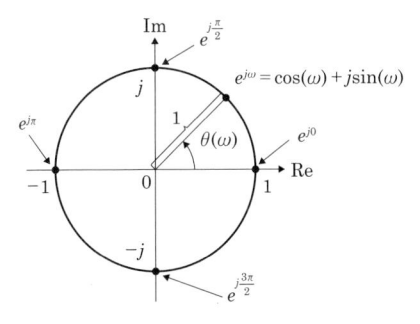

図 3.9 複素平面上の $e^{j\omega}$

である.ただし,$e^{j\omega}$ の値は,図 3.9 のように複素平面上の単位円周上の値に対応する.したがって,

$$|e^{j\omega}| = 1 \tag{3.28}$$

である.つまり,伝達関数 $H(z)$ の z に大きさ 1 の $e^{j\omega}$ を代入しており,振幅 $A(\omega)$ には影響しない.

伝達関数を有理関数の比

$$H(z) = \frac{H_1(z)}{H_2(z)}$$

となる場合を考える.これらの $H_1(z)$,$H_2(z)$ の周波数応答を

$$H_1(e^{j\omega}) = A_1(\omega)e^{j\theta_1(\omega)}$$
$$H_2(e^{j\omega}) = A_2(\omega)e^{j\theta_2(\omega)}$$

とする.このとき,周波数応答 $H(e^{j\omega})$ は

$$H(e^{j\omega}) = \frac{A_1(\omega)e^{j\theta_1(\omega)}}{A_2(\omega)e^{j\theta_2(\omega)}} = \frac{A_1(\omega)}{A_2(\omega)}e^{j(\theta_1(\omega)-\theta_2(\omega))}$$

となる.振幅特性,位相特性は

$$A(\omega) = \frac{A_1(\omega)}{A_2(\omega)}$$
$$\theta(\omega) = \theta_1(\omega) - \theta_2(\omega)$$

である．つまり，周波数応答 $H(e^{j\omega})$ は分子多項式 $H_1(e^{j\omega})$ と分母多項式 $H_2(e^{j\omega})$ を個々に計算して，振幅特性は $A_1(\omega)$, $A_2(\omega)$ の除算，位相特性は $\theta_1(\omega)$, $\theta_2(\omega)$ の減算を用いて計算すればよい．

[**例題 3.13**] 次のシステムの周波数特性を求めよ．
$$H(z) = \frac{1}{3}(1 + z^{-1} + z^{-2})$$

(**解**) 周波数特性は
$$H(e^{j\omega}) = \frac{1}{3}(1 + e^{-j\omega} + e^{-j2\omega})$$
$$= \frac{1}{3}(e^{j\omega} + 1 + e^{-j\omega})e^{-j\omega} = \frac{1}{3}(2\frac{e^{j\omega} + e^{-j\omega}}{2} + 1)e^{-j\omega} = \frac{1}{3}(2\cos\omega + 1)e^{-j\omega}$$

である．振幅特性 $A(\omega)$, 位相特性 $\theta(\omega)$ は
$$A(\omega) = \frac{1}{3}(2\cos\omega + 1)$$
$$\theta(\omega) = -\omega$$

である．

(c) **時間領域，z 領域，周波数領域**

線形時不変システムの入出力関係は，式 (2.12) のたたみ込み
$$y(n) = \sum_{k=\infty}^{\infty} x(k)h(n-k)$$

や式 (2.16) の定係数差分方程式
$$y(n) = \sum_{k=0}^{M} a_k x(n-k) - \sum_{k=1}^{N} b_k y(n-k)$$

で与えられる．

このシステムや信号の表現は n を用いた時間領域表現と呼ぶ．システムの時間領域表現において，最も重要なのはインパルス応答である．

システムの入出力関係を z 変換すると
$$Y(z) = H(z)X(z) \tag{3.29}$$

3.4 システムの周波数特性

```
                    y(n) = h(n)*x(n)
                      ┌────────┐
                      │ 時間領域 │
                      └────────┘
                       ↗      ↖
                 z変換         離散時間フーリエ変換
                   ↙              ↘
            ┌────────┐         ┌──────────┐
            │ z 領域  │ ←─────→ │ 周波数領域 │
            └────────┘  z=e^jω └──────────┘
          Y(z)=H(z)X(z)       Y(e^jω)=H(e^jω)X(e^jω)
```

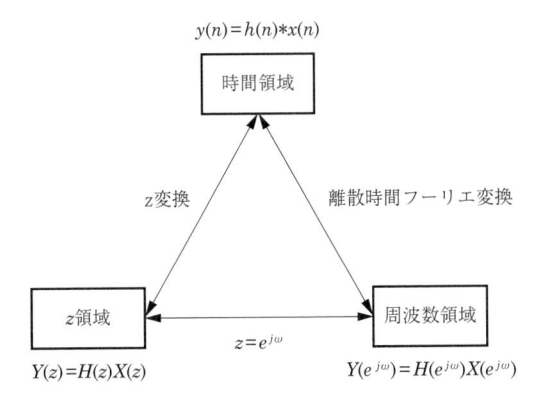

図 3.10 システムの表現

である．このシステムや信号の表現を z 領域表現と呼ぶ．$H(z)$ はインパルス応答 $h(n)$ を z 変換したものであり，システムの伝達関数である．伝達関数 $H(z)$ を逆 z 変換するとインパルス応答 $h(n)$ を求めることもできる．

式 (3.29) の z 領域表現の z に $e^{j\omega}$ を代入すると

$$Y(e^{j\omega}) = H(e^{j\omega})X(e^{j\omega}) \tag{3.30}$$

となる．このシステムや信号の表現を周波数領域表現と呼ぶ．$H(e^{j\omega})$ を周波数特性と呼ぶ．周波数特性 $H(e^{j\omega})$ は，インパルス応答 $h(n)$ から直接求めることもできる（図 3.10）．さらに，時間領域表現と周波数領域表現の関係は，離散時間フーリエ変換により説明されるが，ここでは省略する．

ディジタル信号では，3つの領域を必要に応じて使い分ける．

1. 時間領域表現：実際に信号を処理する際に特に重要である．
2. 周波数領域表現：信号やシステムの特性の評価および解析において重要である．
3. z 領域表現：システムを簡潔に表現，設計に利用できる．

各領域は互いに他の領域に表現し直すことができ，表現される情報には差異がない．

3.4.3 周波数特性の描き方

周波数特性（振幅特性，位相特性）の描き方には自由度がある．ここでは，自由度と実際の場面で周波数特性を正しく使用するためのポイントを補足する．

(a) 周波数特性

振幅特性 $A(\omega)$ は実数であるが，ω の値により負の値になることもある．このため，振幅特性として周波数特性の絶対値 $A(\omega) = |H(e^{j\omega})|$ を用いることもある．

［例題 3.14］ 次の 3 点平均システムの周波数特性を図示せよ．
$$H(z) = \frac{1}{3}(1 + z^{-1} + z^{-2})$$

（解） 例題 3.14 より周波数特性は
$$A(\omega) = \frac{1}{3}(2\cos\omega + 1)$$
$$\theta(\omega) = -\omega$$

である．これらの周波数特性を図 3.11 に示す．

振幅特性として周波数特性の絶対値 $A(\omega) = |H(e^{j\omega})|$ を用いると周波数特性は
$$H(e^{j\omega}) = \frac{1}{3}(1 + e^{-j\omega} + e^{-j2\omega})$$
$$= \frac{1}{3}(1 + \cos(\omega) + j\sin(\omega) + \cos(2\omega) + j\sin(2\omega))$$
$$= \frac{1}{3}(1 + \cos(\omega) + \cos(2\omega)) + j\frac{1}{3}(\sin(\omega) + \sin(2\omega))$$

(a) 振幅特性 (b) 位相特性

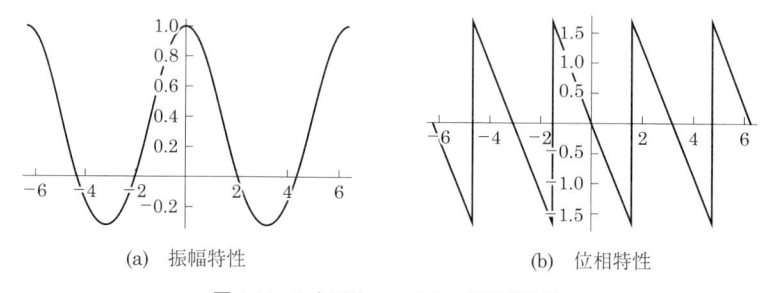

図 3.11　3 点平均システムの周波数特性

3.4 システムの周波数特性

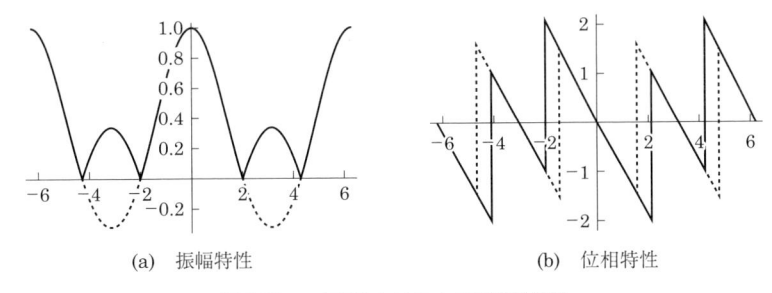

(a) 振幅特性

(b) 位相特性

図 3.12 3 点平均システムの周波数特性

となり，振幅特性と位相特性は

$$A(\omega) = \frac{1}{3}\sqrt{(1+\cos(\omega)+\cos(2\omega))^2 + (\sin(\omega)+\sin(2\omega))^2}$$
$$= \frac{1}{3}\sqrt{1+4\cos(\omega)+4\cos^2(\omega)}$$
$$= \frac{1}{3}|2\cos(\omega)+1|$$
$$\theta(\omega) = \tan^{-1}(\frac{\sin(\omega)+\sin(2\omega)}{1+\cos(\omega)+\cos(2\omega)})$$

である．

図 3.12 に絶対値を考慮した周波数特性を実線で示す．振幅特性だけでなく，位相特性も変化したことに注意する．$-1 = e^{j\pi}$ の関係から，振幅を絶対値で定義すると，振幅が負の値をとる周波数範囲での位相が π [rad] だけ変化する．位相特性は，原点を通る傾き -1 の直線である．$e^{-j\omega} = e^{-j(\omega+2\pi)}$ が成立するので $-\pi < \theta \leq \pi$ の範囲で位相特性を描けばよい．

(b) 周波数特性は周期的

前述のシステムでは振幅特性と位相特性ともに $\omega = 2\pi$ で周期的な特性をもつ．これは，線形時不変システムで常に成立する性質である．

この性質は $e^{-j\omega} = e^{-j(\omega+2\pi)}$ から

$$H(e^{j\omega}) = H(e^{j(\omega+2\pi)}) \qquad (3.31)$$

が成立する．$\omega = \dfrac{\Omega}{F_s} = \dfrac{2\pi F}{F_s}$ から，周期 $\omega = 2\pi$ は，非正規化表現ではサンプリング周波数 $F = F_s$ に対応する．

(a) $F=2, F_s=8$

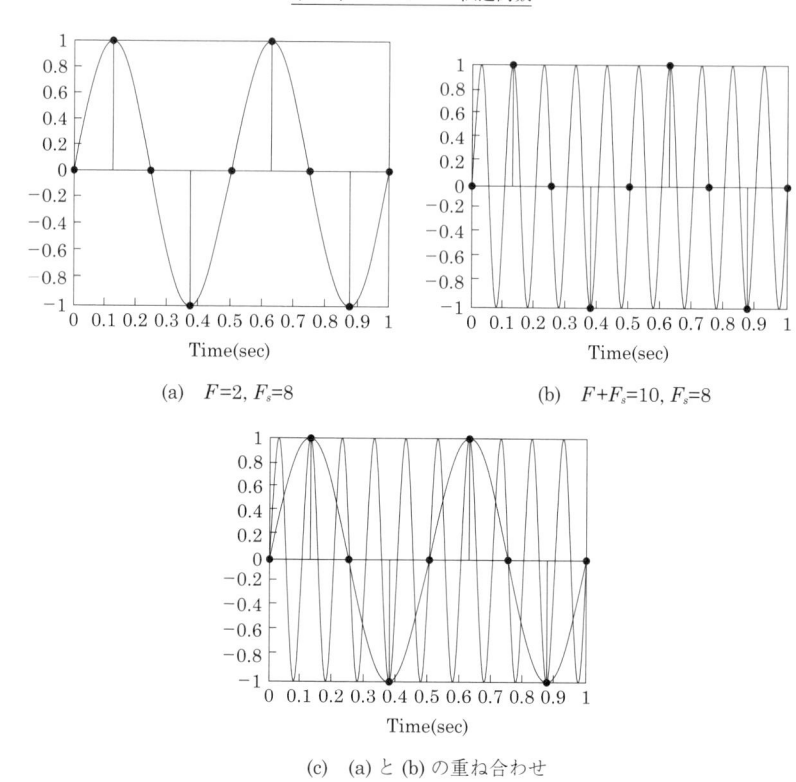

(b) $F+F_s=10, F_s=8$

(c) (a) と (b) の重ね合わせ

図 3.13　例題 3.15

[**例題 3.15**]　$F = 2\,[\mathrm{Hz}]$ の正弦波信号を $F_s = 8\,[\mathrm{Hz}]$ でサンプリングした場合を図示せよ．また，$F + F_s = 10\,[\mathrm{Hz}]$ の正弦波信号を $F_s = 8\,[\mathrm{Hz}]$ でサンプリングした場合を図示せよ．

(**解**)　$F = 2\,[\mathrm{Hz}]$ の正弦波信号を $F_s = 8\,[\mathrm{Hz}]$ でサンプリングすると図 3.13(a)，$F + F_s = 10\,[\mathrm{Hz}]$ の正弦波信号を $F_s = 8\,[\mathrm{Hz}]$ でサンプリングすると図 3.13(b) となる．

これらの図を重ね合わせると図 3.13(c) となり，同じ離散信号であることがわかる．この信号をあるシステムに入力したときには，同じ信号が出力される．

例題 3.15 ような条件を満たす正弦波信号は，サンプリング周波数 F_s を周期として無数に存在する．

$$F' = F + kF_s$$

また，$\omega = \dfrac{\Omega}{F_s} = \dfrac{2\pi F}{F_s}$ より

$$\omega' = \frac{2\pi F'}{F_s} = \frac{2\pi(F + kF_s)}{F_s} = \omega + 2\pi k \tag{3.32}$$

となる．ただし，k は正数とする．

したがって，周波数特性は

$$H(e^{j\omega'}) = H(e^{j(\omega + 2\pi k)})$$

となり，前述したような周期的な特性をもつ．

(c) 負の周波数

周波数特性を図示する場合には，負の周波数範囲（$\omega < 0$）も記述することがある．

たとえば，正弦波

$$x(t) = \cos(\Omega t)$$

の周波数 $\Omega/2\pi$ は 1 秒間の周期の数に相当する．負の周波数は現実的にはありえないが，オイラーの公式より正弦波信号は

$$x(t) = \cos(\Omega t) = \frac{e^{j\Omega t} + e^{-j\Omega t}}{2}$$

のように複素正弦波信号により表記できる．

正弦波信号の周波数が正の値であっても，対応する複素正弦波信号は負の周波数（$-\Omega$）をもつ．ディジタル信号処理における周波数特性は，複素正弦波信号の表現に基づくので，負の周波数には意味がある．

(d) 振幅特性は偶対称，位相特性は奇対称

振幅特性は $\omega = 0$ で偶対称

$$A(\omega) = A(-\omega)$$

となる．一方，位相特性は奇対称

$$\theta(\omega) = -\theta(-\omega)$$

となる．この性質はインパルス応答が実数値をとるとき，常に成立する．周期性とこの対称性から，インパルス応答が実数のシステムの周波数特性は，

$$0 \leq \omega < \pi$$

の範囲で独立となる．

ディジタルシステムが処理の対象とする入力信号の周波数は，式 (3.32) よりサンプリング周期の半分

$$0 \leq \frac{2\pi F}{F_s} < \pi, \quad 0 \leq F < \frac{F_s}{2} \tag{3.33}$$

となる．

[例題 3.16] N 点平均を計算するシステムの周波数特性を求め，$N = 5$, $N = 10$, $N = 20$ として図示せよ．

$$y(n) = \frac{1}{N}(x(n) + x(n-1) + \cdots + x(n-N-1))$$

（解）上式は z 変換すると

$$Y(z) = \frac{1}{N}(X(z) + X(z)z^{-1} + \cdots + X(z)z^{-(N-1)})$$

である．伝達関数は

$$H(z) = \frac{1}{N}(1 + z^{-1} + \cdots + z^{-(N-1)}) = \frac{1}{N}\frac{1 - z^{-N}}{1 - z^{-1}}$$

となる．$z = e^{j\omega}$ を代入して周波数特性を求め，オイラーの公式を用いて整理すると

$$\begin{aligned}
H(e^{j\omega}) &= \frac{1}{N}\frac{1 - e^{-j\omega N}}{1 - e^{-j\omega}} \\
&= \frac{1}{N}\frac{(e^{j\omega N/2} - e^{-j\omega N/2})e^{-j\omega N/2}}{(e^{j\omega/2} - e^{-j\omega/2})e^{-j\omega/2}} \\
&= \frac{1}{N}\frac{\sin(\omega N/2)e^{-j\omega(N-1)/2}}{\sin(\omega/2)}
\end{aligned}$$

である．したがって，

$$振幅特性：A(\omega) = \frac{1}{N}\frac{\sin(\omega N/2)}{\sin(\omega/2)}$$

$$位相特性：\theta(\omega) = \frac{-\omega(N-1)}{2}$$

3.4 システムの周波数特性

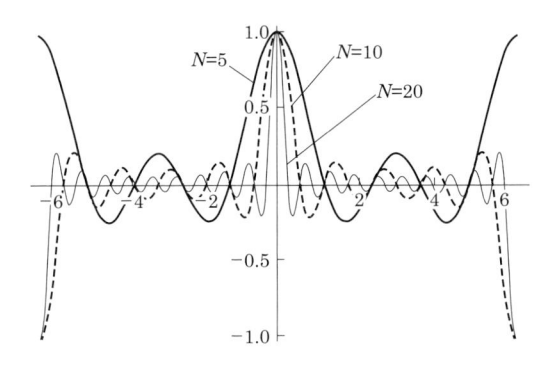

(a) 振幅特性

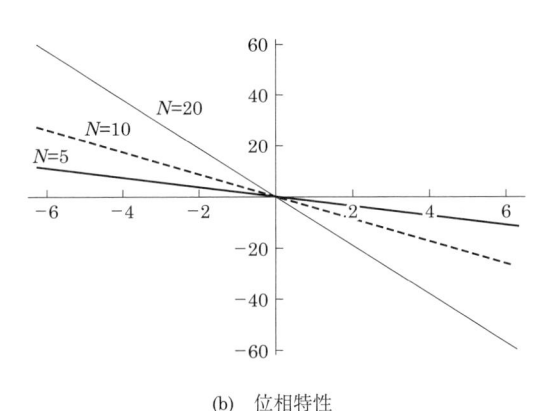

(b) 位相特性

図 3.14　例題 3.16

である．これらより $N=5$, $N=10$, $N=20$ のとき図 3.14 となる．

このような移動平均を計算するシステムは，平均回数 N が大きいほど高い周波数は振幅が小さくなり，位相も遅れる．つまり，高い周波数の入力信号は通し難い特性をもつ．

3.4.4　システムの縦続型構成と並列型構成

(a)　縦続型構成

縦続型構成とはいくつもの伝達関数を直列に接続した構成方法である．説明の簡単化のため，図 3.15 のように，2 つのシステムを直列に接続した場合を考

図 3.15 縦続型構成

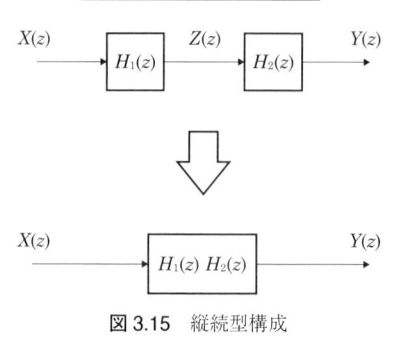

える．伝達関数 $H_1(z)$ の入力を $X(z)$，出力を $Z(z)$ とすると，伝達関数 $H_2(z)$ の入力は $H_1(z)$ の出力 $Z(z)$ に等しく，出力を $Y(s)$ とする．このとき縦続型構成全体の伝達関数 $H(z)$ は

$$Z(z) = H_1(z)X(z)$$
$$Y(z) = H_2(z)Z(z)$$

となる．$Z(z)$ を消去して

$$Y(z) = H_2(z)H_1(z)X(z)$$

となる．

このことより，一般に n 個のシステムを縦続型構成すると系全体の伝達関数は

$$H(z) = \prod_{i=1}^{n} H_i(z)$$

となる．つまり，縦続型構成の伝達関数は個々の伝達関数 $H_i(z)$ の積となる．

縦続型構成の周波数応答は，

$$\begin{aligned}H(e^{j\omega}) &= \prod_{i=1}^{n} H_i(e^{j\omega}) = \prod_{i=1}^{n} A_i(\omega)e^{j\theta_i(\omega)} \\ &= A_1(\omega)e^{j\theta_1(\omega)} A_2(\omega)e^{j\theta_2(\omega)} \cdots A_n(\omega)e^{j\theta_n(\omega)} \\ &= A_1(\omega)A_2(\omega)\cdots A_n(\omega)e^{j(\theta_1(\omega)+\theta_2(\omega)+\cdots+\theta_n(\omega))}\end{aligned}$$

であり，

$$振幅特性：A(\omega) = A_1(\omega)A_2(\omega)\cdots A_n(\omega)$$
$$位相特性：\theta(\omega) = \theta_1(\omega) + \theta_2(\omega) + \cdots + \theta_n(\omega)$$

となる．振幅特性は n 個の伝達関数の振幅特性の積であり，位相特性は n 個の伝達関数の和となる．

[例題 3.17] 3点移動平均を計算する次の伝達関数

$$H_1(z) = H_2(z) = \frac{1}{3}(1 + z^{-1} + z^{-2})$$

を縦続型構成したときの等価な伝達関数を求めよ．

(解) このシステムは，3点平均を計算した結果に対して，再び3点平均を計算する処理に相当する．

この処理全体を1つの伝達関数 $H(z)$ で表すと

$$H(z) = H_1(z)H_2(z)$$

である．すなわち，

$$H(z) = \frac{1}{9}(1 + z^{-1} + z^{-2})(1 + z^{-1} + z^{-2}) = \frac{1}{9}(1 + 2z^{-1} + 3z^{-2} + 2z^{-3} + z^{-4})$$

である．

(b) 並列型構成

縦続型構成とはいくもの伝達関数を並列に接続した構成方法である．説明の簡単化のため，図 3.16 のように，2つのシステムを並列に接続した場合を考える．伝達関数 $H_1(z)$ の入力を $X(z)$，出力を $Y_1(z)$ とすると，伝達関数 $H_2(z)$ の入力は $H_1(z)$ の入力 $X(z)$ に等しく，出力を $Y_2(s)$ とする．このとき並列型構成全体の伝達関数 $H(z)$ は

$$Y_1(z) = H_1(z)X(z), \quad Y_2(z) = H_2(z)X(z)$$
$$Y(z) = Y_1(z) + Y_2(z) \tag{3.34}$$

となる．$Y_1(z)$，$Y_2(z)$ を消去して

$$Y(z) = (H_1(z) + H_2(z))X(z)$$

図 3.16 並列型構成

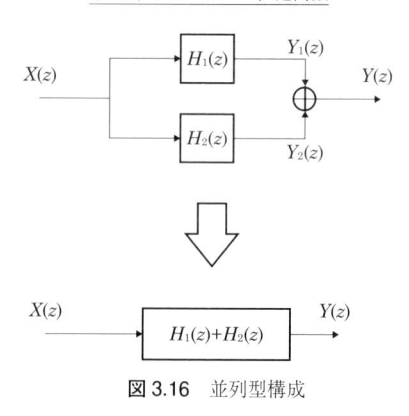

となる.

このことより，一般に n 個のシステムを並列型構成すると系全体の伝達関数は

$$H(z) = \sum_{i=1}^{n} H_i(z)$$

となる．つまり，並列型構成の伝達関数は個々の伝達関数 $H_i(z)$ の和となる．

［例題 3.18］ 3 点移動平均を計算する次の伝達関数

$$H_1(z) = H_2(z) = \frac{1}{3}(1 + z^{-1} + z^{-2})$$

を並列型構成したときの等価な伝達関数を求めよ.

（解） 並列型構成における等価な伝達関数は，伝達関数の和となるので

$$H(z) = \frac{1}{3}(1 + z^{-1} + z^{-2}) + \frac{1}{3}(1 + z^{-1} + z^{-2}) = \frac{2}{3}(1 + z^{-1} + z^{-2})$$

となる．このシステムは，3 点平均を計算した結果を足し合わせる処理に相当する.

［例題 3.19］ 例題 3.17 の 3 点移動平均を縦続型構成した伝達関数の振幅特性，位相特性を求めよ.

（解） 3 点平均の周波数特性は

$$H_1(e^{j\omega}) = H_2(e^{j\omega}) = \frac{1}{3}(2\cos\omega + 1)e^{-j\omega}$$

である．これを縦続型構成したシステムの周波数特性は

$$H(e^{j\omega}) = H_1(e^{j\omega})H_2(e^{j\omega})$$
$$= \frac{1}{3}(2\cos\omega + 1)e^{-j\omega}\frac{1}{3}(2\cos\omega + 1)e^{-j\omega}$$
$$= \frac{1}{9}(2\cos\omega + 1)^2 e^{-j2\omega}$$

になる．したがって，

$$振幅特性：A(\omega) = \frac{1}{9}(2\cos\omega + 1)^2$$
$$位相特性：\theta(\omega) = -2\omega$$

である．振幅特性は3点平均のシステムの振幅特性の積，位相特性は3点平均のシステムの振幅特性の和となる．

〈3章の問題〉

3.1 次の信号の z 変換を求めよ．

1. $x(n) = 2\delta(n+3) + 3\delta(n+1) - \delta(n-2)$
2. $x(n) = -u(n+2) + u(n-1)$
3. $x(n) = \sin(\omega n)u(n)$

3.2 次の信号の逆 z 変換を求めよ．

1. $X(z) = 3z^3 - 2z + 1 - 5z^{-1}$
2. $X(z) = \dfrac{1}{1 + 0.8z^{-1}}$
3. $X(z) = \dfrac{1}{1 + 2z^{-1} - 3z^{-2}}$

3.3 次のシステムの伝達関数を求めよ．

1. $y(n) = -2x(n) - x(n-1) + \frac{1}{3}x(n-2)$
2. $y(n) = 2x(n) - 3x(n-1) - y(n-1)$
3. $y(n) = 3x(n) + x(n-2) + 2y(n-3)$

3.4 問題 3.3 のシステムのハードウェア構成を示せ．

3.5 次のシステムの周波数特性を求めよ．

1. $H(z) = 1 - z^{-1} + 2z^{-2}$
2. $H(z) = \dfrac{1 - 3z^{-1}}{1 + 2z^{-1}}$

4 信号の周波数解析とサンプリング定理

章の要約

3章では,正弦波信号をシステムに入力した場合の応答を周波数特性を用いて示した.しかし,実際のシステムでは入力信号が正弦波信号とは限らない.正弦波以外の信号が正弦波とどのような関係にあるかを調べる必要があり,この操作を周波数解析と呼ぶ.本章では,この周波数解析について学ぶ.

4.1 周波数解析

4.1.1 非正弦波信号の正弦波信号による表現

非正弦波信号とは,正弦波信号以外のすべての信号を示す.非正弦波信号は周波数,大きさ,位相の異なる複数の正弦波信号の合成として表現することができる.

非正弦波信号を正弦波信号に分解し,信号の性質を調べる操作を**周波数解析**(frequency analysis)と呼ぶ.この正弦波信号への分解に基づく周波数解析を特にフーリエ解析とも呼ぶ.

4.1.2 フーリエ解析の種類

フーリエ解析には,解析する信号の違いにより図 4.1 に示すようないくつかの種類がある.解析の対象となる信号には,周期信号および非周期信号にそれぞれ連続時間信号と離散時間信号がある.

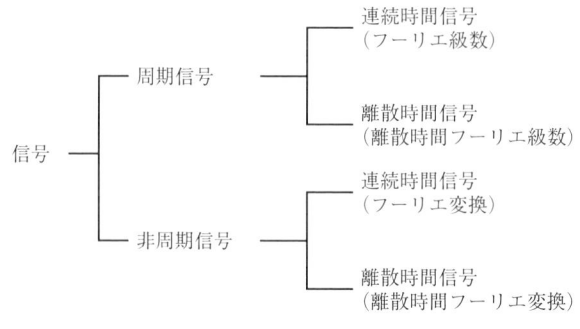

```
信号 ─┬─ 周期信号 ─┬─ 連続時間信号
      │           │  （フーリエ級数）
      │           │
      │           └─ 離散時間信号
      │              （離散時間フーリエ級数）
      │
      └─ 非周期信号 ─┬─ 連続時間信号
                     │  （フーリエ変換）
                     │
                     └─ 離散時間信号
                        （離散時間フーリエ変換）
```

図 4.1 フーリエ解析

4.2 周期信号のフーリエ解析

4.2.1 フーリエ級数

信号が連続時間信号かつ周期的であるとき，周波数解析はフーリエ級数に基づき実行される．信号が周期的とは，同じ信号が一定の時間間隔 T_0 で繰り返されることである．つまり，任意の時刻 t において

$$x_{T_0}(t) = x_{T_0}(t + T_0) \tag{4.1}$$

が成り立つ．周期性のあるアナログ信号は，基本波と高調波の重ね合わせにより表現できる．

[**例題 4.1**] 1 [Hz] の正弦波信号を基本波から 5 倍高調波までを示せ．

(**解**) 基本波から 5 倍高調波は
  基本波 $\sin(2\pi t)$
  2 倍高調波 $\sin(4\pi t)$
  3 倍高調波 $\sin(6\pi t)$
  4 倍高調波 $\sin(8\pi t)$
  5 倍高調波 $\sin(10\pi t)$
となり，その波形を図 4.2 に示す．

上記のような基本波と高調波を加算した結果

4.2 周期信号のフーリエ解析

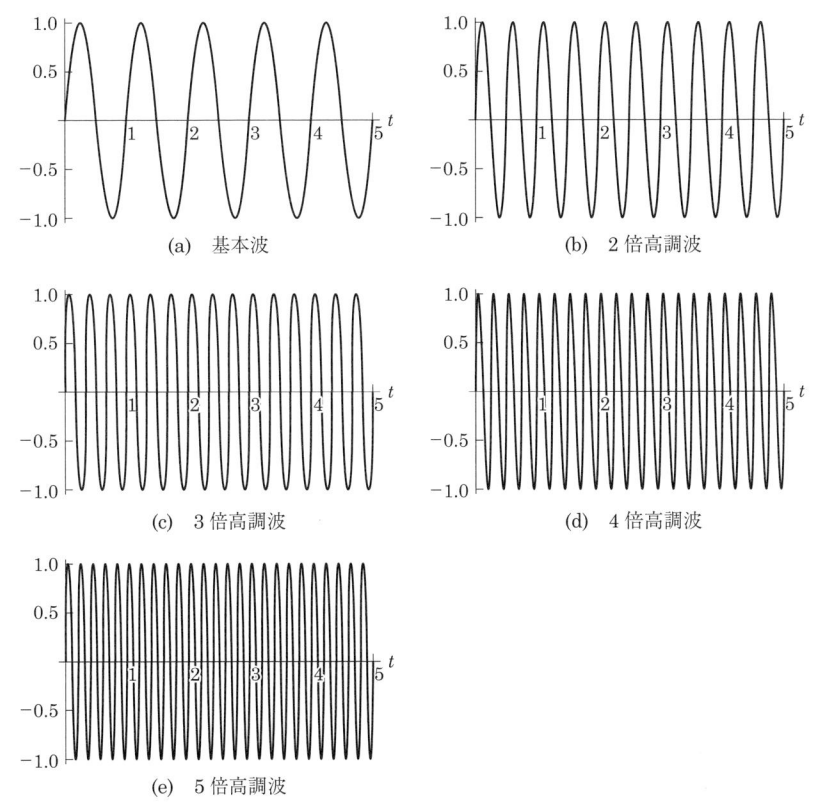

(a) 基本波

(b) 2倍高調波

(c) 3倍高調波

(d) 4倍高調波

(e) 5倍高調波

図 4.2 基本波と高調波

$$x_{T_0}(t) = \sum_{k=1}^{n} \sin(2k\pi t) \tag{4.2}$$

を $n = 5$, 10, 100, 1000 として，図 4.3 に示す．このように滑らかな高調波を重ね合わせることで，不連続なインパルス信号を作り出すことも可能である．ただし，高調波を重ね合わせることで基本波の周期と一致してパルスの頂点は大きくなり，その間の振動成分は減衰する．

前述のようなパルス信号だけでなくすべての周期性のある信号

周期信号 = 直流成分 + 基本波成分 + 2 倍高調波成分 + 3 倍高調波成分 + ⋯

(a) n=5

(b) n=10

(a) n=100

(b) n=1000

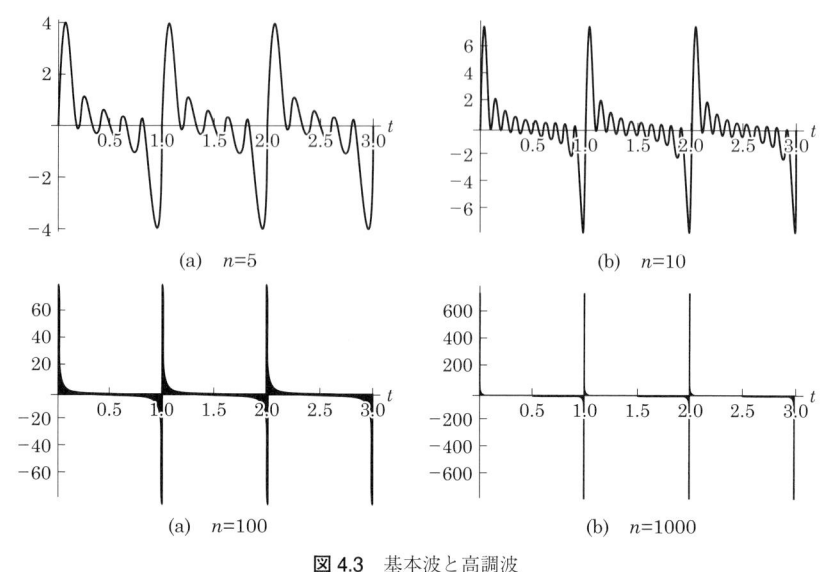

図 4.3　基本波と高調波

は，フーリエ級数を用いて表現できる．つまり，周期信号は直流成分と基本波成分と高調波成分の和から構成できる．三角関数によるフーリエ級数展開では，正弦成分と余弦成分を利用する．

$$\begin{aligned}
\text{周期信号 } x_{T_0}(t) = \ &\text{直流成分}\quad A_0 \\
&+ \text{基本波余弦成分 } A_1\cos(\Omega_0 t) + \text{基本波正弦成分 } B_1\sin(\Omega_0 t) \\
&+ 2\,\text{倍高調波成分 } A_2\cos(2\Omega_0 t) + 2\,\text{倍高調波成分 } B_2\sin(2\Omega_0 t) \\
&+ 3\,\text{倍高調波成分 } A_3\cos(3\Omega_0 t) + 3\,\text{倍高調波成分 } B_3\sin(3\Omega_0 t) \\
&+ \cdots \tag{4.3}
\end{aligned}$$

ただし，

$$A_0 = \frac{1}{T_0} \int_{-\frac{T_0}{2}}^{\frac{T_0}{2}} x(t) dt$$

$$A_k = \frac{2}{T_0} \int_{-\frac{T_0}{2}}^{\frac{T_0}{2}} x(t) \cos(k\Omega_0 t) dt$$

$$B_k = \frac{2}{T_0} \int_{-\frac{T_0}{2}}^{\frac{T_0}{2}} x(t) \sin(k\Omega_0 t) dt \tag{4.4}$$

とする．

(a) 複素フーリエ級数

正弦波および余弦波は，前述のようにオイラーの公式により指数関数 e を用いて表現できる．そこで，式 (4.3) を

$$\begin{aligned}
\text{周期信号 } x_{T_0}(t) = {} & \text{直流成分} \quad C_0 \\
& + \text{基本波余弦成分 } C_1 e^{j\Omega_0 t} + \text{基本波正弦成分 } C_{-1} e^{-j\Omega_0 t} \\
& + 2\text{倍高調波成分 } C_2 e^{j2\Omega_0 t} + 2\text{倍高調波成分 } C_{-2} e^{-j2\Omega_0 t} \\
& + 3\text{倍高調波成分 } C_3 e^{j3\Omega_0 t} + 3\text{倍高調波成分 } C_{-3} e^{-j3\Omega_0 t} \\
& + \cdots \\
= {} & \sum_{k=-\infty}^{\infty} C_k e^{jk\Omega_0 t} \tag{4.5}
\end{aligned}$$

のように複素正弦波信号を用いて展開する．ただし，フーリエ係数 C は，A と B を用いて

$$\begin{aligned}
C_0 &= A_0 \\
C_m &= \frac{A_m}{2} - j\frac{B_m}{2}, \quad m = 1, 2, \cdots, \infty \\
C_n &= \frac{A_n}{2} + j\frac{B_n}{2}, \quad n = -1, -2, \cdots, \infty
\end{aligned}$$

となり，複素数となる．ここで，

1. 基本角周波数 $\Omega_0 = 2\pi/T_0$ は周期 T_0 により決まる．
2. 周期 T_0 の周期信号は，基本角周波数 Ω_0 の整数倍の角周波数 $k\Omega_0$ をもつ正弦波信号により表現できる．

3. フーリエ級数の表現には自由度があるが，本章では複素フーリエ級数を取り扱う．
4. 一般的に複素フーリエ係数 C_k は，信号 $x_{T_0}(t)$ が実数値であっても複素数値になる．

ことに注意する．

(b) 周波数領域による信号の表現

フーリエ係数 C_k は，式 (4.4) のように実数値でなく複素数値である．この複素数値の C_k は，極座標表現により

$$C_k = A_k e^{j\theta_k} ：周波数スペクトル \tag{4.6}$$

となる．ただし，

$$A_k：振幅スペクトル（実数）$$
$$\theta_k：位相スペクトル$$

とする．

(c) フーリエ係数の求め方

信号 $x_{T_0}(t)$ からフーリエ係数 C_k を求める．

$$C_k = \frac{1}{T_0} \int_0^{T_0} x(t) e^{-jk\Omega_0 t} dt \tag{4.7}$$

積分範囲は1周期分（$k \sim k+T_0$）であればどこでもよい．ただし，複素正弦波信号は次の性質をもつ．

$$\frac{1}{T_0} \int_0^{T_0} e^{jm\Omega_0 t} e^{-jn\Omega_0 t} dt = \begin{cases} 1 & (m=n) \\ 0 & (m \neq n) \end{cases} \tag{4.8}$$

[**例題 4.2**] 次の信号の複素フーリエ級数を求めよ．

$$x_{T_0}(t) = 2\cos(\Omega_0 t) + \sin(2\Omega_0 t)$$

(**解**) 上式を図 4.4(a) に示す．オイラーの公式

$$e^{j\theta} = \cos(\theta) + j\sin(\theta)$$

4.2 周期信号のフーリエ解析

(a) 合成波

(b) 振幅スペクトル

(c) 位相スペクトル

図 4.4 例題 4.2

を用いて上式を展開する.

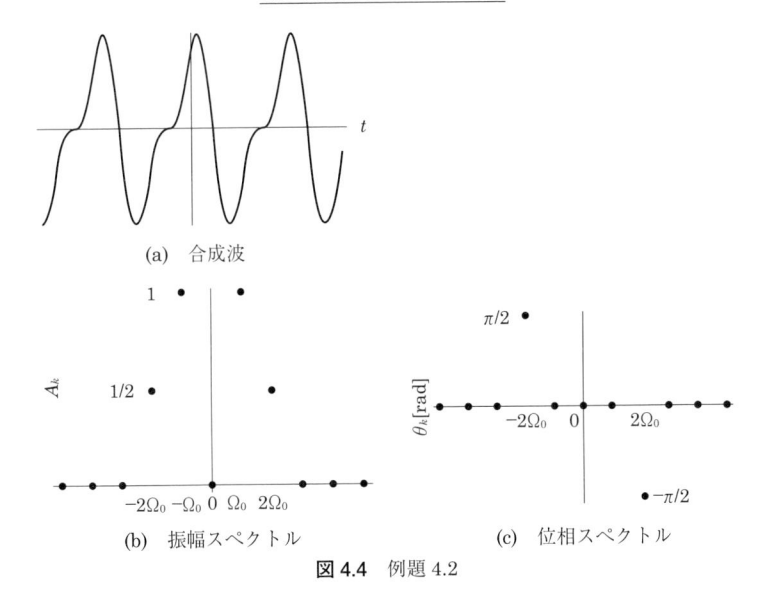

$$\begin{aligned}
x_{T_0}(t) &= 2\frac{e^{j\Omega_0 t} + e^{-j\Omega_0 t}}{2} + \frac{e^{j2\Omega_0 t} - e^{-j2\Omega_0 t}}{2j} \\
&= -\frac{1}{2j}e^{-j2\Omega_0 t} + e^{-j\Omega_0 t} + e^{j\Omega_0 t} + \frac{1}{2j}e^{j2\Omega_0 t} \\
&= \frac{1}{2}e^{j\pi/2}e^{-j2\Omega_0 t} + e^{-j\Omega_0 t} + e^{j\Omega_0 t} + \frac{1}{2}e^{-j\pi/2}e^{j2\Omega_0 t} \\
&= C_{-2}e^{-j2\Omega_0 t} + C_{-1}e^{-j\Omega_0 t} + C_1 e^{j\Omega_0 t} + C_2 e^{j2\Omega_0 t}
\end{aligned} \tag{4.9}$$

したがって, 複素フーリエ係数は

$$C_{-2} = \frac{1}{2}e^{j\pi/2}, \quad C_{-1} = 1, \quad C_1 = 1, \quad C_2 = \frac{1}{2}e^{-j\pi/2} \tag{4.10}$$

となり, 振幅スペクトルと位相スペクトルを図 4.4(b), (c) に示す.

このような時間を横軸とする信号表現を時間領域表現と呼ぶ. 一方, 周波数を横軸とする信号表現は周波数領域表現と呼ぶ.

周期信号の周波数スペクトルは, 基本角周波数の整数倍のみの成分をもつ. このような周波数スペクトルを離散スペクトル (線スペクトル) と連続スペクトルと対比して呼ぶ.

図 4.5 sinc 関数

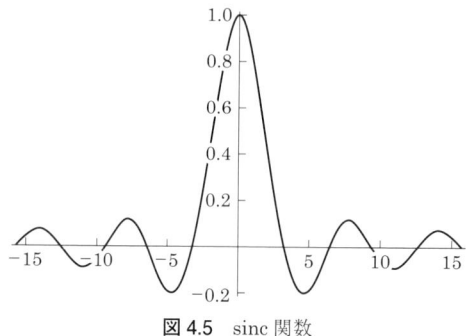

[**例題 4.3**] 次の関数を図示せよ．
$$f(t) = \frac{\sin(t)}{t}$$

(**解**) 図 4.5 に $f(t)$ を示す．関数 $f(t)$ は sinc（cardinal sine）関数と呼ばれ，$t = 0$ において $f(0) = \dfrac{0}{0}$ と不定形になる．しかし，その値は $f(t)$ の分母と分子をそれぞれ t で微分して $t = 0$ を代入すれば求められる．このような操作をド・ロピタルの定理と呼ぶ．また，関数 $f(t)$ の正規化表現として
$$g(t) = \frac{\sin(\pi t)}{\pi t}$$
も利用され，正規化 sinc 関数や標本化関数と呼ぶ．

4.2.2 離散時間フーリエ級数

ここでは，連続時間信号の解析（フーリエ級数）との違いに着目して周期的な離散時間信号の周波数解析を考える．

(a) 離散時間信号のスペクトル

周期的な連続時間信号をサンプリングして，その影響を考える．

[**例題 4.4**] 周期 $T_0 = 1\,[\text{sec}]$ をもつ次の周期信号
$$x_{T_0}(t) = 2\cos(\Omega_0 t) + 2\cos(2\Omega_0 t)$$
を，サンプリング周期 T_s でサンプリングせよ．

(**解**) 周期信号 $x_{T_0}(t)$ を複素フーリエ級数を用いて示す．

4.2 周期信号のフーリエ解析

$$x_{T_0}(t) = e^{-j2\Omega_0 t} + e^{-j\Omega_0 t} + e^{j\Omega_0 t} + e^{j2\Omega_0 t}$$

この周期信号は 4 つの非零のフーリエ級数 C_k をもつ.

$$C_{-2} = C_{-1} = C_1 = C_2 = 1, \quad C_0 = 0$$

サンプリング周期 T_s でこの信号をサンプリングすると

$$\begin{aligned} x_{T_0}(nT_s) &= 2\cos(\Omega_0 nT_s) + 2\cos(2\Omega_0 nT_s) \\ &= e^{-j2\Omega_0 nT_s} + e^{-j\Omega_0 nT_s} + e^{j\Omega_0 nT_s} + e^{j2\Omega_0 nT_s} \end{aligned}$$

となる.

サンプリング周期 T_s を周期信号 $x_{T_0}(t)$ の周期 T_0 を N (正の整数) 等分するように選ぶ.

$$T_s = T_0/N$$

式 (4.5) のフーリエ級数展開は

$$x_{T_0}(nT_s) = \sum_{k=-\infty}^{\infty} C_k e^{jk\Omega_0 nT_s} = \sum_{k=-\infty}^{\infty} C_k e^{j2\pi kn/N} \qquad (4.11)$$

となる. ただし,

$$\Omega_0 = 2\pi/T_0$$

である. ここで, 次のような表現の簡単化を行う.

$$W_N = e^{-j2\pi/N} \qquad (4.12)$$

この式は, 複素平面上の単位円上を N 等分することと同じであり, 周期 N をもつ周期関数になる.

$$\begin{aligned} x_{T_0}(nT_s) &= \sum_{k=-\infty}^{\infty} C_k W_N^{-nk} = \sum_{k=-\infty}^{\infty} C_k W_N^{-(n+N)k} \\ &= \sum_{k=-\infty}^{\infty} C_k W_N^{-n(k+rN)} \end{aligned} \qquad (4.13)$$

ただし, n, k, r は整数とする.

サンプリングより得られた離散時間信号 $x_{T_0}(nT_s)$ は，時間領域 n において周期 N をもつと同時に，周波数領域 k においても周期 N をもつ．独立な W_N の値は N 個なので，N 個の W_N を共通因数として整理する．

$$x_{T_0}(nT_s) = \sum_{k=0}^{N-1} \{ \sum_{r=-\infty}^{\infty} C_{k+rN} \} W_N^{-nk} = \sum_{k=0}^{N-1} \{\hat{C}(k)\} W_N^{-nk} \quad (4.14)$$

ただし，

$$\hat{C}(k) = \sum_{r=-\infty}^{\infty} C_{k+rN} \quad (4.15)$$

とする．したがって周期 N または $\Omega_s = 2\pi F_s = N\Omega_0$ をもつ周期的なスペクトル $\hat{C}(k) = \hat{A}_k e^{j\hat{\theta}_k}$ をもつ．この $\hat{C}(k)$ をエリアジング係数と呼ぶ．

[例題 4.5] 例題 4.4 のサンプリング周期を $T_s = \dfrac{T_0}{4}$ としてエリアジング係数を求めよ．

(解) $N = 4$ の場合，

$$x_{T_0}(nT_s) = 2\cos\left(\frac{2\pi n}{N}\right) + 2\cos\left(\frac{4\pi n}{N}\right)$$
$$= e^{-j\pi n} + e^{-j\pi n/2} + e^{j\pi n/2} + e^{j\pi n}$$
$$= \sum_{k=-2}^{2} C_k W_4^{-nk}$$

ただし，

$$W_4^2 = W_4^{-2}, \quad W_4^{-3} = W_4^1$$

であり，図 4.6 に示す．さらに

$$x_{T_0}(nT_s) = \sum_{k=0}^{3} \hat{C}(k) W_4^{-nk}$$

となる．ただし，

$$\hat{C}(0) = 0 = C_0, \quad \hat{C}(1) = 1 = C_1,$$
$$\hat{C}(2) = 2 = C_2 + C_{-2}, \quad \hat{C}(3) = 1 = C_{-1}$$

である．1 周期を N 等分するようにサンプリングした場合，独立な W_N の値が N 個である．つまり，独立なエリアジング係数 $\hat{C}(k)$ の個数も N 個となる．前述の 5 つのサン

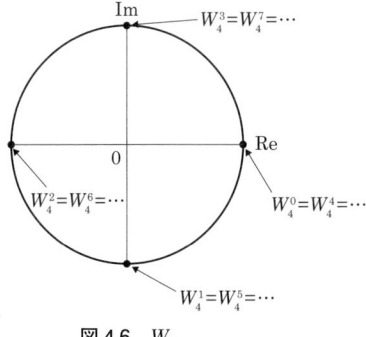

図 4.6 W_4

プリング係数は，サンプリングにより独立でなくなり，4 つの係数に帰着する．また，この $\hat{C}(k)$ は

$$\hat{C}(k) = \hat{C}(k + rN) \tag{4.16}$$

となる．ただし，r は整数とする．

(b) 離散時間フーリエ級数

ここでは，周期 N をもつ離散時間信号 $x_N(n)$ を考える．この信号 $x_N(n)$ を次のように展開する．

$$x_N(n) = \frac{1}{N} \sum_{k=0}^{N-1} X_N(k) W_N^{-nk}, \quad W_N = e^{-j2\pi/N} \tag{4.17}$$

この展開を離散時間フーリエ級数，係数 $X_N(k)$ を離散時間フーリエ係数と呼ぶ．

ここで，周期 N の信号は N 個の係数 $X_N(k)$ を用いて表現することができる．係数 $X_N(k)$ は，信号 $x_N(n)$ から

$$X_N(k) = \sum_{n=0}^{N-1} x_N(k) W_N^{nk} \tag{4.18}$$

となる．ただし，エリアジング係数 $\hat{C}(k)$ と離散時間フーリエ係数 $X_N(k)$ との関係は

$$X_N(k) = N\hat{C}(k) \tag{4.19}$$

のように単に利得が異なるのみである．

4.2.3 フーリエ変換

(a) フーリエ変換の定義

非周期信号の周波数解析,すなわち時間領域と周波数領域の変換は次式により行われる.

$$X(\Omega) = \int_{-\infty}^{\infty} x(t)e^{-j\Omega t} dt \tag{4.20}$$

$$x(t) = \frac{1}{2\pi} \int_{-\infty}^{\infty} X(\Omega)e^{j\Omega t} d\Omega \tag{4.21}$$

式 (4.20) は,時間領域から周波数領域への変換を表現して**フーリエ変換**（Fourier transform）と呼ぶ.一方,式 (4.21) は,周波数領域から時間領域への変換を表現して**逆フーリエ変換**（inverse Fourier transform）と呼ぶ.

［**例題 4.6**］図 4.7(a) の $x(t)$ のフーリエ変換を求めよ.

（**解**）図 4.7(a) より

$$x(t) = \begin{cases} 1 & (|t| \leq T_1) \\ 0 & (|t| > T_1) \end{cases}$$

である.式 (4.20) よりフーリエ変換は

$$X(\Omega) = \int_{-\infty}^{\infty} x(t)e^{-j\Omega t} dt = \int_{-T_1}^{T_1} e^{-j\Omega t} dt$$
$$= \frac{1}{-j\Omega} \left[e^{-j\Omega t} \right]_{-T_1}^{T_1} = \frac{2T_1 \sin(\Omega T_1)}{(\Omega T_1)}$$

となり,図 4.7(b) に示す.

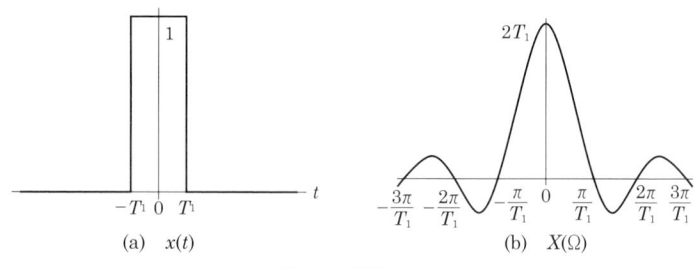

図 4.7 例題 4.2

周波数スペクトル $X(\Omega)$ は，角周波数 Ω に対して連続的な値をとる．このようなスペクトルを周期信号の離散スペクトルと対比して，連続スペクトルと呼ぶ．

(b) 周期信号との関係

フーリエ変換の式を周期信号と非周期信号との関係で説明する．

図 4.8(a) のように，例題 4.6 の非周期信号 $x(t)$ に周期 T_0 を仮定する．このとき，信号 $x(t)$ のフーリエ変換は

$$x(t) = 0, \quad |t| > T_1 \tag{4.22}$$

の条件より

$$X(\Omega) = \int_{-\infty}^{\infty} x(t)e^{-j\Omega t}dt = \int_{-T_1}^{T_1} x(t)e^{-j\Omega t}dt \tag{4.23}$$

となる．

仮定された周期信号 $x_{T_0}(t)$ のフーリエ係数 C_k を求める．

$$x(t) = x_{T_0}(t), \quad -T_1 \leq t \leq T_1$$

を考慮すると

$$\begin{aligned} C_k &= \frac{1}{T_0}\int_{-T_1}^{T_1} x_{T_0}(t)e^{-jk\Omega_0 t}dt = \frac{1}{T_0}\int_{-T_1}^{T_1} x(t)e^{-jk\Omega_0 t}dt \\ &= \frac{1}{T_0}X(k\Omega_0) \end{aligned} \tag{4.24}$$

となる．

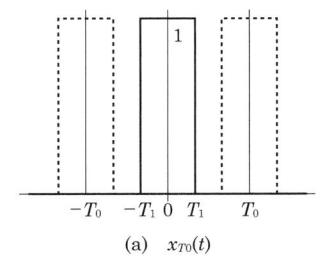

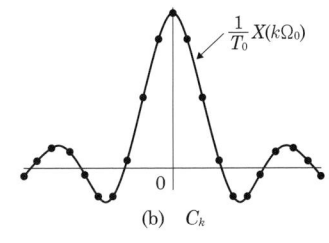

(a) $x_{T0}(t)$

(b) C_k

図 4.8 周期信号のフーリエ変換

C_k は，図 4.8(b) のように $X(\Omega)$ の周波数サンプル値 $X(k\Omega_0)$ を $1/T_0$ 倍したものに一致する．周波数サンプリングの間隔 $\Omega_0 = 2\pi/T_0$ は，仮定される周期 T_0 により決定される．

[例題 4.7] 図 4.8(a) の周期信号 $x_{T0}(t)$ のフーリエ係数を求めよ．

(解) 周期信号 $x_{T0}(t)$ は

$$x_{T0}(t) = \begin{cases} 1 & (|t| \leq T_1) \\ 0 & (T_1 < |t| < \frac{T_0}{2}) \end{cases}$$

となる．式 (4.7) よりフーリエ係数は

$$\begin{aligned} C_k &= \frac{1}{T_0} \int_{-T_1}^{T_1} x_{T_0}(t) e^{-jk\Omega_0 t} dt \\ &= \left[\frac{-1}{jk\Omega_0 T_0} e^{-jk\Omega_0 t} \right]_{-T_1}^{T_1} \\ &= \frac{2}{jk\Omega_0 T_0} \frac{e^{jk\Omega_0 T_1} - e^{-jk\Omega_0 T_1}}{2j} \end{aligned}$$

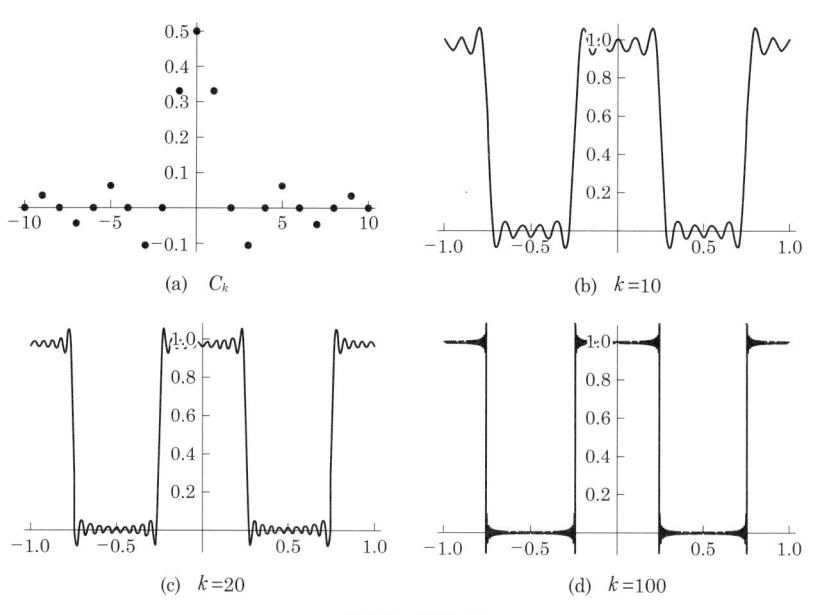

(a) C_k

(b) $k=10$

(c) $k=20$

(d) $k=100$

図 4.9 例題 4.7

$$= \frac{2\sin(k\Omega_0 T_1)}{k\Omega_0 T_0}\frac{T_1}{T_1}$$
$$= 2\frac{T_1}{T_0}\frac{\sin(k\Omega_0 T_1)}{k\Omega_0 T_1}$$

となる．フーリエ係数と $k=10$，20，100 の場合を図 4.9(b)〜(d) に示す．

4.2.4 離散時間フーリエ変換

(a) 離散時間フーリエ変換

非周期的な離散時間信号の周波数解析法を考える．

離散時間フーリエ変換（discrete-time Fourier transform）は

$$X(e^{j\omega}) = \sum_{n=-\infty}^{\infty} x(n)e^{-j\omega n} \tag{4.25}$$

とする．

離散時間逆フーリエ変換（inverse discrete-time Fourier transform）は

$$x(n) = \frac{1}{2\pi}\int_0^{2\pi} X(e^{j\omega})e^{j\omega n}d\omega \tag{4.26}$$

とする．

[**例題 4.8**] 図 4.10(a) の信号 $x(n)$ の離散時間フーリエ変換を求めよ．

(**解**) 信号 $x(n)$ は

$$x(n) = \frac{1}{3}(\delta(n) + \delta(n-1) + \delta(n-2))$$

となり，3 点の移動平均を求めるシステムの単位インパルス応答に相当する．式 (4.26) より離散時間フーリエ変換は

$$X(e^{j\omega}) = \frac{1}{3}(1 + e^{-j\omega} + e^{-2j\omega}) = r(\omega)e^{j\theta(\omega)}$$
$$r(\omega) = \frac{1}{3}\sqrt{(1+2\cos(\omega))^2}$$
$$\theta(\omega) = \tan^{-1}\frac{-\sin(\omega)(1+2\cos(\omega))}{1+\cos(\omega)+\cos(2\omega)}$$

となる．振幅スペクトル $r(\omega)$ と位相スペクトル $\theta(\omega)$ を図 4.10(b)，(c) に示す．ただし，振幅スペクトルは上式のように絶対値で表現している．

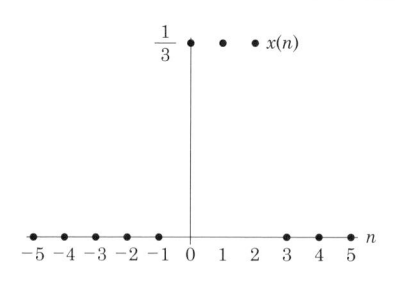

(a) $x(n)$

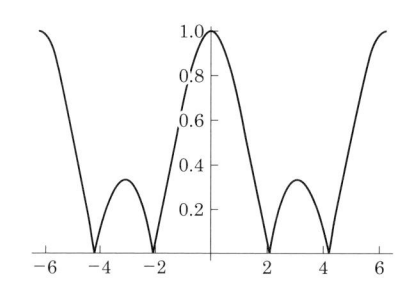

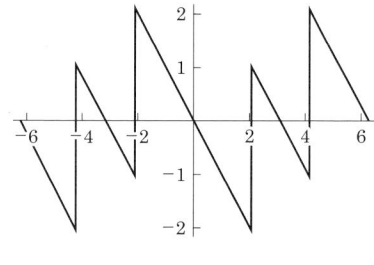

(b) 振幅スペクトル

(c) 位相スペクトル

図 4.10　例題 4.8

(b) 離散時間フーリエ級数との関係

図 4.11(a) のように，適当な周期 N を仮定し，信号 $x(n)$ から周期信号 $x_N(n)$ を生成する．ただし，

$$x_N(n) = \begin{cases} x(n) & (0 \leq n \leq N_1 - 1) \\ 0 & (N_1 \leq n < N) \end{cases}$$

とする．

離散時間フーリエ変換は

$$X(e^{j\omega}) = \sum_{n=0}^{N_1-1} x(n)e^{-j\omega n} \qquad (4.27)$$

となる．

$x_N(n)$ のフーリエ係数は

(a) $X_N(n)$ 仮定された周期

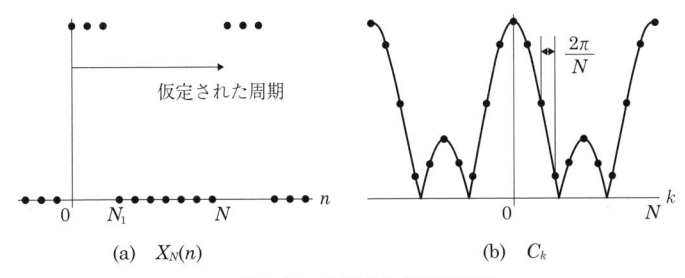

(b) C_k

図 4.11 仮定された周期信号

$$X_N(k) = \sum_{n=0}^{N_1-1} x_N(n) W_N^{nk} = \sum_{n=0}^{N_1-1} x(n) W_N^{nk} = X(e^{j2\pi k/N}) \quad (4.28)$$

$X(e^{j\omega})$ の周期 $\omega = 2\pi$ を N 等分した値が，図 4.11(b) のように周期信号 $x_N(n)$ のフーリエ係数に対応する．

(c) z 変換との関係

離散時間フーリエ変換と z 変換との関係を示す．離散時間信号 $x(n)$ の z 変換 $X(z)$ と離散時間フーリエ変換 $X(e^{j\omega})$ は次の関係にある．

$$X(e^{j\omega}) = X(z)|_{z=e^{j\omega}} \quad (4.29)$$

上式は，$X(z)$ に $z = e^{j\omega}$ を代入し，$X(e^{j\omega})$ が求められることを意味する．

このように，離散時間フーリエ変換は z 変換を介しても求められる．伝達関数 $H(z)$（インパルス応答の z 変換）の z に $z = e^{j\omega}$ を代入し，周波数特性を求める操作も，この性質を利用している．したがって，システムの周波数特性を，インパルス応答の離散時間フーリエ変換と定義することもできる．

(d) フーリエ解析の関係

フーリエ変換，フーリエ級数，離散時間フーリエ変換，離散時間フーリエ級数の関係は図 4.12 のように要約できる．

4.3 離散時間フーリエ変換の性質

離散時間フーリエ変換の性質を以下に示す．ただし，DTFT は離散時間フーリエ変換を示す．また，信号 $x(n)$ の離散時間フーリエ変換を $X(e^{j\omega}) = F[x(n)]$

図 4.12 フーリエ解析の関係

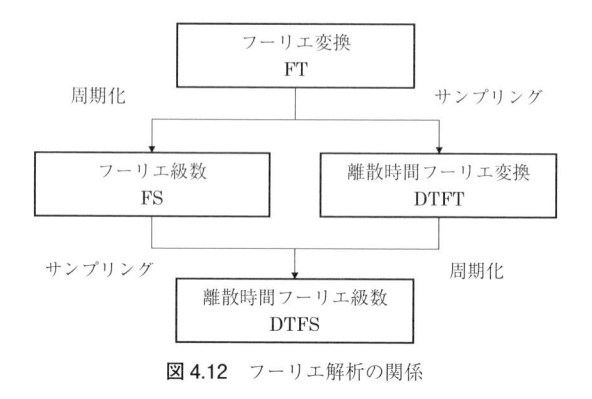

とする．

4.3.1 線 形 性

任意の 2 つの信号 $x_1(n)$，$x_2(n)$ の離散時間フーリエ変換を $X_1(e^{j\omega}) = F[x_1(n)]$，$X_2(e^{j\omega}) = F[x_2(n)]$ とすると次式が成立する．

$$ax_1(n) + bx_2(n) \stackrel{\text{DTFT}}{\longleftrightarrow} aX_1(e^{j\omega}) + bX_2(e^{j\omega}) \tag{4.30}$$

ただし，a, b は任意の定数とする．

4.3.2 時間シフト

任意の信号 $x(n)$ を k 時間シフトとすると次式が成立する．

$$x(n-k) \stackrel{\text{DTFT}}{\longleftrightarrow} X(e^{j\omega})e^{-j\omega k} \tag{4.31}$$

4.3.3 たたみ込み

任意の 2 つの信号 $x_1(n)$，$x_2(n)$ がたたみ込みの関係にあるとき次式が成立する．

$$\sum_{k=\infty}^{\infty} x_1(k)x_2(n-k) \stackrel{\text{DTFT}}{\longleftrightarrow} X_1(e^{j\omega})X_2(e^{j\omega}) \tag{4.32}$$

4.3.4 周波数シフト

任意の信号 $x(n)$ を ω 周波数シフトとすると次式が成立する.

$$x(n)e^{j\omega_0 n} \stackrel{\mathrm{DTFT}}{\longleftrightarrow} X(e^{j(\omega-\omega_0)}) \tag{4.33}$$

ただし, ω_0 は任意の角周波数とする.

4.3.5 周波数スペクトルの対称性

任意の信号 $x(n)$ が実数値であれば,

$$X(e^{j\omega}) = \bar{X}(e^{-j\omega})$$

ただし, $\bar{X}(e^{j\omega})$ は $X(e^{j\omega})$ の複素共役 (複素数の虚数部の符号を反転) である. これらを極座標表現すると

$$X(e^{j\omega}) = |X(e^{j\omega})|e^{j\theta(\omega)}$$
$$\overline{X}(e^{-j\omega}) = |X(e^{-j\omega})|e^{-j\theta(-\omega)}$$

である. ここで,

$$|X(e^{j\omega})| = |X(e^{-j\omega})| \quad : \quad \omega = 0 \text{ に対して偶対称}$$
$$\theta(\omega) = -\theta(-\omega) \quad : \quad \omega = 0 \text{ に対して奇対称}$$

が成立する. この導出は, $x(n)$ を実数と仮定すると

$$\overline{X}(e^{-j\omega}) = \overline{\left\{\sum_{n=-\infty}^{\infty} x(n)e^{j\omega n}\right\}} = \sum_{n=-\infty}^{\infty} \overline{\{x(n)e^{j\omega n}\}}$$
$$= \sum_{n=-\infty}^{\infty} x(n)e^{-j\omega n} = X(e^{j\omega})$$

とできる.

[**例題 4.9**] 信号 $x(n)$ の離散時間フーリエ変換を $X(e^{j\omega}) = F[x(n)]$ とする. このとき信号 $x_1(n) = x(n)\sin(\omega_0 n)$ の離散時間フーリエ変換を求めよ.

(**解**) 線形性と周波数シフトの性質より

$$\begin{aligned}
X_1(e^{j\omega}) &= F[x_1(n)] = F\left[x(n)\sin(\omega_0 n)\right] \\
&= F\left[x(n)\frac{e^{j\omega_0 n} - e^{-j\omega_0 n}}{2j}\right] \\
&= F\left[x(n)\frac{e^{j\omega_0 n}}{2j} - x(n)\frac{e^{-j\omega_0 n}}{2j}\right] \\
&= F\left[\frac{1}{2}e^{-j\frac{\pi}{2}}x(n)e^{j\omega_0 n} + \frac{1}{2}e^{j\frac{\pi}{2}}x(n)e^{-j\omega_0 n}\right] \\
&= \frac{1}{2}e^{-j\frac{\pi}{2}}X(e^{j(\omega-\omega_0)}) + \frac{1}{2}e^{j\frac{\pi}{2}}X(e^{j(\omega+\omega_0)})
\end{aligned}$$

となる.

4.4 サンプリング定理

ディジタル信号処理は，アナログ信号をサンプリングしてディジタル信号を生成する．その際には，アナログ信号の情報を失わないように，サンプリングをする必要がある．しかし，細かいサンプリング時間（高周波数）では，データ量を増大させ，その後の処理を複雑にする．一方，荒いサンプリング時間（低周波数）では，データ量の増大を押さえることができるが，元のアナログ信号の情報を失いやすい．このため，ディジタル信号処理では，適切なサンプリング周波数の選択が必要となる．

4.4.1 帯域制限信号

図 4.13(a) のような振幅スペクトル $A(\Omega) = |X(\Omega)|$ をもつアナログ信号 $x(t)$ を考える．ここでは，図 4.13(b) のように信号 $x(t)$ が

$$|X(\Omega)| = 0, \quad \Omega > \Omega_m \tag{4.34}$$

を満たすと仮定する．このとき，信号 $x(t)$ は角周波数 $\Omega_m = 2\pi F_m$ で**帯域制限** (band limitation) されていると呼ぶ．周波数スペクトルの存在範囲が有限である信号を**帯域制限信号**（band-limited signal）と呼ぶ．

4.4.2 エリアジング

信号 $x(t)$ をサンプリング周波数 $F_s = 1/T_s$[Hz] でサンプリングする．このと

4.4 サンプリング定理

図 4.13 サンプリングの影響

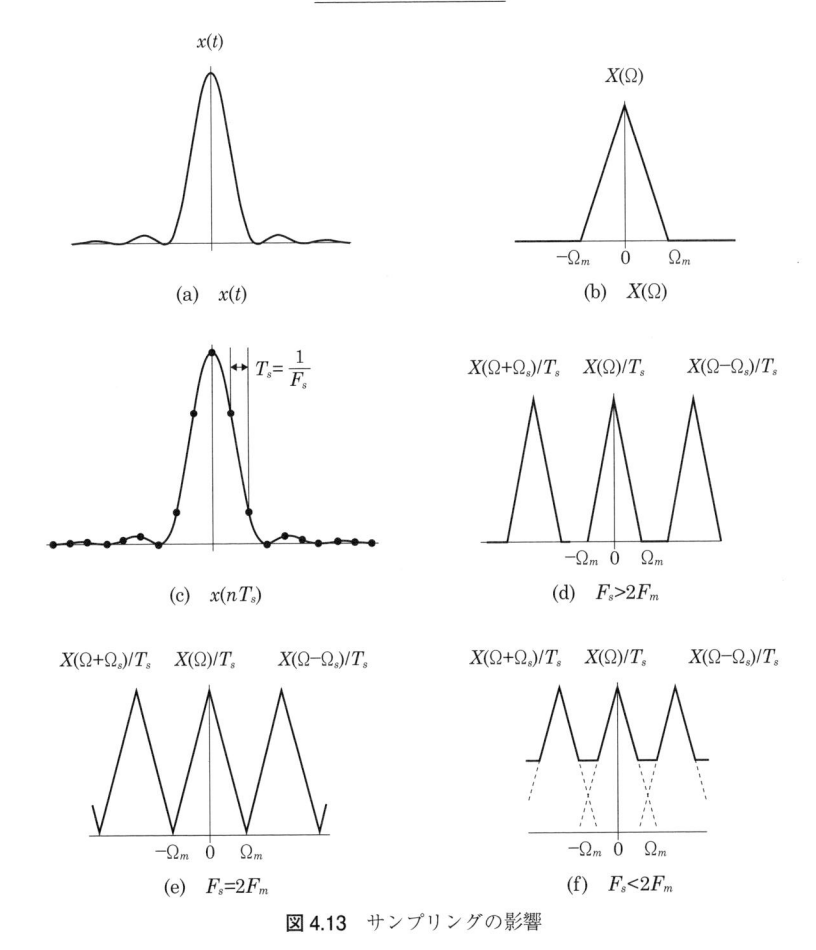

き，アナログ信号 $x(t)$ の周波数スペクトル $X(\Omega)$ と離散時間信号 $x(nT_s)$ の周波数スペクトル $X(e^{j\Omega T_s})$ は

$$X(e^{j\Omega T_s}) = \frac{1}{T_s} \sum_{r=-\infty}^{\infty} X(\Omega - r\Omega_s), \quad \Omega_s = 2\pi F_s \quad (4.35)$$

の関係がある．ここでは，詳細な導出は省略する．サンプリング周波数 F_s の選定により，図 4.13 のように次のような関係が存在する．

- サンプリングすると，アナログ信号のスペクトルがサンプリング周波数 T_s

（または周期 N）で周期的に並ぶ．

- スペクトルの周期は $\Omega_s = 2\pi F_s$ であり，サンプリング周波数 F_s が高いほど，スペクトルの周期 N は長くなる．
- サンプリング周波数が低い（$F_s \leq 2F_m$）と，スペクトルが重なる場合がある．これを，折り返しひずみ，または**エリアジング**（aliasing）と呼ぶ．

アナログ信号のサンプリングには，エリアジングの発生を回避しなければならない．もし，スペクトルに重なりがなければ，サンプリングした離散時間信号はアナログ信号のスペクトルをひずみなくもつことができる．これにより，離散時間信号はアナログ信号の情報を失われることがなく，サンプル値からアナログ信号に復元することが可能である．

4.4.3 ナイキスト間隔

スペクトルの重なりは，信号の帯域 $\Omega_m = 2\pi F_m$ とサンプリング周波数 $\Omega_s = 2\pi F_s$ の関係から決まる．図 4.13(d) のように

$$F_s > 2F_m \tag{4.36}$$

であれば，エリアジングは生じない．図 4.13(e) のようにスペクトルが重なる限界のサンプリング周波数

$$F_s = 2F_m \tag{4.37}$$

を**ナイキスト周波数**（Nyquist frequency），その逆数

$$T_s = \frac{1}{F_s} \tag{4.38}$$

を**ナイキスト間隔**（Nyquist interval）という．

[例題 4.10] 5 [Hz] の周波数をもつ正弦波信号

$$x_{T_0} = \sin(\Omega_0 t)$$

をエリアジングが発生しないサンプリング周波数を求めよ．

（解）この信号は，$F_m = 5$ [Hz] で帯域制限されているため，ナイキスト周波数は，

$$F_s = 2F_m = 10\,[\text{Hz}]$$

となる．ゆえに，サンプリング周波数 $F_s > 10\,[\mathrm{Hz}]$ と設定すればよい．

ナイキスト周波数の選択は，1周期を2等分するサンプリング周波数に相当する．つまり，1周期を2等分するサンプリングより細かいサンプリングを行えば，エリアジングを回避することができ，サンプリング前のアナログ信号へ復元することもできる．

4.4.4 サンプリング定理

$F_m\,[\mathrm{Hz}]$ で帯域制限された信号 $x(t)$ は，サンプリング周波数に $F_s > 2F_m$ よるサンプリング値より一意に決定する．これを**サンプリング定理**（sampling theorem）と呼ぶ．

スペクトルが重ならないようにサンプリングを行えば，そのサンプル値を用いて元のアナログ信号を復元することができる．この定理により，音声や画像などのメディアをディジタル信号としてコンピュータ等で処理することが可能となる．

たとえば，人間の可聴周波数は一般に $20\,[\mathrm{kHz}]$ 以下といわれる．これを考慮すると $F_m = 20\,[\mathrm{kHz}]$ が音声の帯域制限信号となり，この信号のナイキスト周波数は $40\,[\mathrm{kHz}]$ となる．サンプリング定理を満たすためには，$40\,[\mathrm{kHz}]$ より高いサンプリング周波数が必要である．このため CD や MD では一般に $44.1\,[\mathrm{kHz}]$ のサンプリング周波数が使用され，音声がディジタル信号に変換されている．

4.4.5 信号のディジタル化

アナログ信号をディジタル信号に変換するには，図 4.14 に示すような次の手順が必要である．

1. 帯域制限信号を作るため，アナログフィルタにより高い周波数スペクトルは除去する．
2. サンプリング定理を満たすサンプリング周波数を選択する．
3. 各サンプル値を量子化し，ディジタル信号を生成する．

帯域制限を行わなければ，サンプリング定理を満たすことができずにエリアジングが発生する．このため，帯域制限用のアナログフィルタを**アンチエリア**

```
アナログ信号          帯域制限信号         ディジタル信号
  ───→  [アナログフィルタ]  ───→  [A/D 変換]  ───→
       $F_m$[Hz] で帯域制限      $F_s$>2$F_m$[Hz] でサンプリング
                                  量子化
```

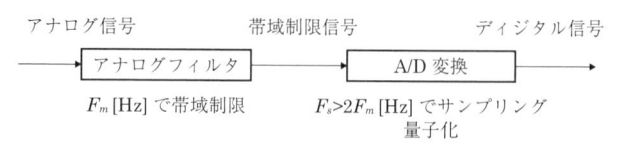

図 4.14 アナログ信号からディジタル信号への変換

ジングフィルタ (antialiasing filter) とも呼ぶ. ただし, 計測する信号の特性を考慮して適切な周波数により帯域制限を実施する.

〈4 章の問題〉

4.1 次の信号を複素フーリエ級数の形式に変形せよ.

$$x(t) = \sin(\Omega_0 t) + 2\sin(2\Omega_0 t)$$

4.2 問題 4.1 の信号を $F_s = 4$[Hz] でサンプリングする. この離散時間信号のエリアジング係数を求めよ. ただし, $\Omega_0 = 2\pi$[rad/sec] とする.

4.3 問題 4.2 の信号の離散時間フーリエ係数を求めよ.

4.4 図 4.15 の周波数スペクトルに対応する信号 $x(n)$ を求めよ.

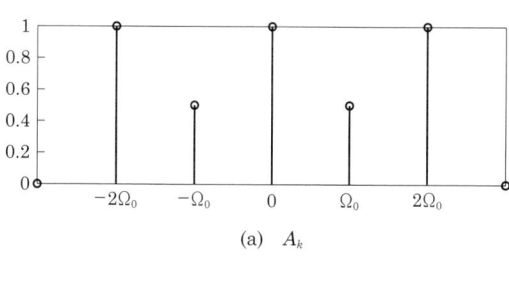

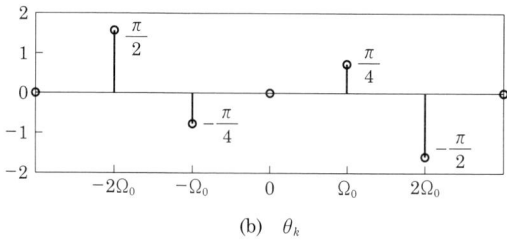

(a) A_k

(b) θ_k

図 4.15 問題 4.4

4.5 次の信号のフーリエ変換を求めよ.

1. $x(t) = e^{-at}u(t), \quad a > 0$
2. $x(t) = e^{-a|t|}, \quad a > 0$

5 高速フーリエ変換

章の要約

本章では，離散フーリエ変換 (DFT) をコンピュータ上で高速に実行する工夫として，計算量を軽減する高速な計算方法（高速フーリエ変換）を紹介する．高速フーリエ変換は，市販の計算ソフトにも組み込まれており，信号処理の分野では最も広く用いられる信号処理の方法である．

5.1 離散フーリエ変換

5.1.1 フーリエ変換の問題点

周波数解析法を計算機で実行するための問題点を離散時間フーリエ変換を例に考える．前述のように，離散時間フーリエ変換と離散時間逆フーリエ変換は

$$X(e^{j\omega}) = \sum_{n=-\infty}^{\infty} x(n)e^{-j\omega n}$$

$$x(n) = \frac{1}{2\pi} \int_0^{2\pi} X(e^{j\omega})e^{j\omega n} d\omega$$

の関係にある．これらの式を計算機を用いて計算するには

- 総和を無限の範囲で計算するのは不可能
- 積分を正確に計算するのは困難

が問題となる．このため，計算機では次のように計算する．

- 有限の範囲の信号を取り扱う，もしくは有限な範囲のみ計算

- 積分を近似的に計算

これらの点を考慮して計算機にて広く利用される周波数解析法を説明する．

5.1.2 M点信号の離散時間フーリエ変換

有限な M 点信号が存在すると仮定する．その**離散時間フーリエ変換**（discrete-time Fourier transform, DTFT）は

$$X(e^{j\omega}) = \sum_{n=0}^{M-1} x(n) e^{-j\omega n} \tag{5.1}$$

である．これは，非零値の範囲が有限な場合，無限の総和は回避できることを示す．

例として，3点平均システムを対象として離散時間フーリエ変換により求めた周波数スペクトルを図 5.1 に示す．このように信号が有限であっても，スペクトルは ω に関して連続になる．

5.1.3 周波数スペクトルの離散化

コンピュータによる計算では，連続スペクトルの値をすべての ω に対して計算できない．その代わりに，連続スペクトルの近似値として，離散的な ω についてスペクトル値を計算する．スペクトルの1周期分を N 等分するように，スペクトルを離散化する．つまり，

$$\omega_k = 2\pi k/N, \quad k = 0, 1, 2, \cdots, N-1 \tag{5.2}$$

とする．

[**例題 5.1**]　図 5.1 の3点平均システムを $N = 8$ で離散化し，周波数スペクトルを図示せよ．

(**解**)　周波数スペクトルを図 5.2 に示す．

このようにスペクトルの周期性から独立なスペクトルは N 個である．
式 (5.1)，(5.2) より

5.1 離散フーリエ変換

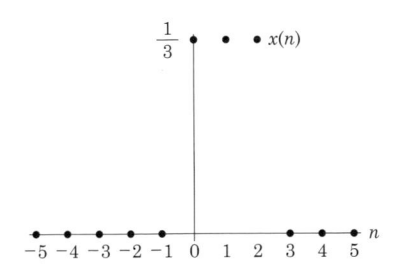

(a) $x(n)$

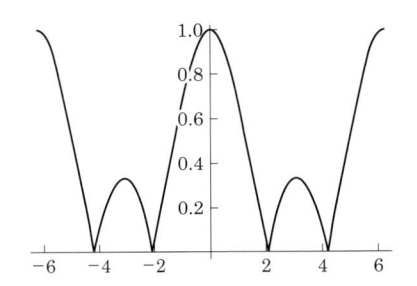

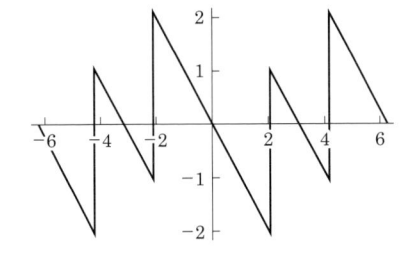

(b) 振幅スペクトル　　　　(c) 位相スペクトル

図 5.1　3 点平均システムの周波数スペクトル

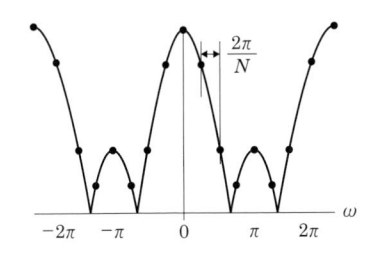

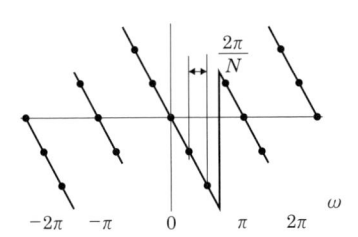

(a) 振幅スペクトル　　　　(b) 位相スペクトル

図 5.2　周波数スペクトルの離散化

$$X(e^{j2\pi k/N}) = \sum_{n=0}^{M-1} x(n) e^{-j2\pi nk/N} \qquad (5.3)$$

となる．ここで，$N \geq M$ を仮定し，次式とする．

$$x(n) = 0, \quad n = M, M+1, \cdots, N-1$$

上式は信号 $x(n)$ に零値を加えることを意味し，信号 $x(n)$ を再定義している．式 (5.3) の表現の簡単化のため，

$$X(k) = X(e^{j2\pi k/N})$$
$$W_N = e^{-j2\pi/N}$$

とする．式 (5.3) は

$$X(k) = \sum_{n=0}^{N-1} x(n) W_N^{nk} \tag{5.4}$$

となる．

この式のフーリエ解析は，信号 $x(n)$ が有限であり，周波数スペクトルが離散的なため，コンピュータを用いて実行するのに適している．式 (5.4) を $x(n)$ の N 点**離散フーリエ変換**（discrete Fourier transform, DFT）と呼ぶ．ここでの離散とは，離散時間信号を離散スペクトルで解析することを示し，時間領域と周波数領域の両方で離散的なことを意味する．

5.2 DFT と IDFT

N 点離散フーリエ変換（DFT）

$$X(k) = \sum_{n=0}^{N-1} x(n) W_N^{nk}$$

と，4 章で述べたように離散時間フーリエ係数

$$X_N(k) = \sum_{n=0}^{N-1} x_N(n) W_N^{nk}$$

はほぼ同じ式である．これらの違いは上式の $x(n)$ が，本来，周期信号でない点である．したがって，DFT は，非周期信号 $x(n)$ に対して周期 N を仮定すれば，離散時間フーリエ級数の問題として実行できる．周期 N には自由度があり，指定した N の大きさにより周波数のサンプリングの細かさが決定される．

5.2 DFT と IDFT

同様に，**逆離散フーリエ変換** (inverse discrete Fourier transform, IDFT) は離散時間フーリエ級数

$$x_N(n) = \frac{1}{N} \sum_{n=0}^{N-1} X_N(k) W_N^{-nk}$$

とほぼ同じ式になる．つまり，IDFT は

$$x(n) = \frac{1}{N} \sum_{n=0}^{N-1} X(k) W_N^{-nk}$$

となる．ただし，フーリエ級数ではすべての時間で信号が定義され，信号は周期信号であるが，IDFT では 1 周期に相当する範囲のみを計算する．

上式は逆変換であるが，積分の計算を必要としない．これは，スペクトルの積分を台形の面積へと近似したと考えることができる．

[**例題 5.2**] 図 5.3 の信号 $x(n)$ を $N = 16$ で離散化したときの $X(k)$ 求めよ．

(**解**) 信号 $x(n)$ は

$$x(n) = \frac{1}{3} \left(\delta(n-1) + \delta(n) + \delta(n+1) \right)$$

である．$x(n)$ の離散時間フーリエ変換は，

$$X(e^{j\omega}) = \frac{1}{3} \left(e^{-j\omega} + 1 + e^{j\omega} \right) = \frac{1}{3} (2\cos\omega + 1)$$

となる．$X(k)$ は，このスペクトルを 16 等分した値となる．つまり，$X(k)$ は

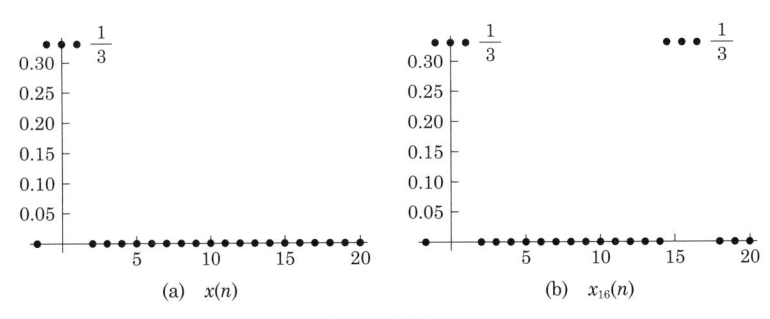

(a) $x(n)$ (b) $x_{16}(n)$

図 5.3 例題 5.2

$$X(k) = X(e^{j2\pi k/16})$$
$$= \frac{1}{3}\left(W_{16}^k + 1 + W_{16}^{15k}\right)$$
$$= \frac{1}{3}\left(1 + W_{16}^k + W_{16}^{-k}\right)$$
$$= \frac{1}{3}\{1 + 2\cos(2\pi k/16)\}$$

である.

この例題のように定義域が $n=0$ から始まらなくても周期性を仮定し，1周期分に着目することにより DFT を計算できる.

5.3 高速フーリエ変換

信号の存在範囲が有限な場合，離散的な周波数スペクトルに着目すると，周波数解析を DFT で実行できる．しかし，DFT の計算量は，少なくはない．ここでは，DFT を少ない演算量で計算する**高速フーリエ変換**（fast Fourier transform, FFT）を紹介する．

5.3.1 DFT の演算量

N 点離散フーリエ変換の演算量を考える．たとえば，$N=4$ のときには，

$$\begin{bmatrix} X(0) \\ X(1) \\ X(2) \\ X(3) \end{bmatrix} = \begin{bmatrix} W_4^0 & W_4^0 & W_4^0 & W_4^0 \\ W_4^0 & W_4^1 & W_4^2 & W_4^3 \\ W_4^0 & W_4^2 & W_4^4 & W_4^6 \\ W_4^0 & W_4^3 & W_4^6 & W_4^9 \end{bmatrix} \begin{bmatrix} x(0) \\ x(1) \\ x(2) \\ x(3) \end{bmatrix} \tag{5.5}$$

となり，1個の $X(k)$ を計算するのに，4回の乗算と3回の加算が必要になる．したがって，4個の $X(k)$ を計算するのに 4×4 回の乗算と 4×3 回の加算が必要である．また，W_N が複素数なので，各演算は複素数の演算になる．

N 点の DFT を計算するには

複素乗算：N^2

複素加算：$N(N-1)$

が必要となる．この演算量は図 5.4 に示すように，N の増加とともに急激に増

図 5.4 DFT の演算量

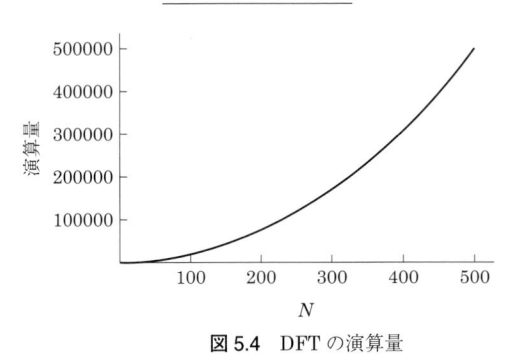

加する．

[例題 5.3] 256 点の DFT の複素乗算と複素加算に必要となる演算量を求めよ．

(解) $N = 256$ 点の DFT を計算するには

$$複素乗算：65536 回$$
$$複素加算：65280 回$$

の演算量が必要となる．

5.3.2 FFT アルゴリズム

高速フーリエ変換（FFT）は，DFT に必要な演算量を軽減するための手法である．演算量の軽減化の手法は，高速アルゴリズムと呼ばれる．DFT の高速アルゴリズム FFT には，非常に多くのアルゴリズムがある．ここでは，基本的で汎用的に使用される基数 2 の**周波数間引き型アルゴリズム**（decimation in frequency）を紹介する．

(a) FFT アルゴリズム

DFT 点数 N を 2 のべき乗と仮定する．たとえば，$N = 2^2 = 4$ とすると

$$\begin{bmatrix} X(0) \\ X(1) \\ X(2) \\ X(3) \end{bmatrix} = \begin{bmatrix} W_4^0 & W_4^0 & W_4^0 & W_4^0 \\ W_4^0 & W_4^1 & W_4^2 & W_4^3 \\ W_4^0 & W_4^2 & W_4^4 & W_4^6 \\ W_4^0 & W_4^3 & W_4^6 & W_4^9 \end{bmatrix} \begin{bmatrix} x(0) \\ x(1) \\ x(2) \\ x(3) \end{bmatrix} \tag{5.6}$$

となる．$X(k)$ の値を次のように変換する．

1. k を 2 進数で表す．
2. ビット逆順する．
3. 10 進数に戻す．

$$
\begin{array}{ccccccc}
k & & & & & & \\
0 & & 00 & & 00 & & 0 \\
1 & 2\text{進数} & 01 & \text{ビット逆順} & 10 & 10\text{進数} & 2 \\
2 & \rightarrow & 10 & \rightarrow & 01 & \rightarrow & 1 \\
3 & & 11 & & 11 & & 3
\end{array}
$$

ビット逆順とは，2 進数表記したときのビット順の並びを逆転させることを意味する．たとえば，「11001」のビット逆順は「10011」となる．

この手順は $X(k)$ を並び替えることから，周波数間引きという．つまり，式 (5.6) は

$$
\begin{bmatrix} X(0) \\ X(2) \\ X(1) \\ X(3) \end{bmatrix} = \begin{bmatrix} W_4^0 & W_4^0 & W_4^0 & W_4^0 \\ W_4^0 & W_4^2 & W_4^4 & W_4^6 \\ W_4^0 & W_4^1 & W_4^2 & W_4^3 \\ W_4^0 & W_4^3 & W_4^6 & W_4^9 \end{bmatrix} \begin{bmatrix} x(0) \\ x(1) \\ x(2) \\ x(3) \end{bmatrix} \tag{5.7}
$$

となる．ここで，$X(k)$ を並び替えた行列を次式とおく．

$$
\hat{W}_4 = \begin{bmatrix} W_4^0 & W_4^0 & W_4^0 & W_4^0 \\ W_4^0 & W_4^2 & W_4^4 & W_4^6 \\ W_4^0 & W_4^1 & W_4^2 & W_4^3 \\ W_4^0 & W_4^3 & W_4^6 & W_4^9 \end{bmatrix}
$$

次に $W_N = e^{-j2\pi/N}$ は，$W_N^{2k} = W_{N/2}^k$，$W_N^{nk} = W_{N/2}^{((nk))_N}$ が成立することに注意する．ただし，$((x))_N$ は x を N で割った余りを示す．たとえば，$((6))_4 = 2$ となる．

式 (5.7) は

5.3 高速フーリエ変換

$$\begin{bmatrix} X(0) \\ X(2) \\ X(1) \\ X(3) \end{bmatrix} = \begin{bmatrix} W_4^0 & W_4^0 & W_4^0 & W_4^0 \\ W_4^0 & W_4^2 & W_4^4 & W_4^6 \\ W_4^0 & W_4^1 & W_4^2 & W_4^3 \\ W_4^0 & W_4^3 & W_4^6 & W_4^9 \end{bmatrix} \begin{bmatrix} x(0) \\ x(1) \\ x(2) \\ x(3) \end{bmatrix}$$

$$= \begin{bmatrix} W_4^0 & W_4^0 & W_4^0 & W_4^0 \\ W_4^0 & W_4^2 & W_4^0 & W_4^2 \\ W_4^0 & W_4^1 & W_4^2 & W_4^3 \\ W_4^0 & W_4^3 & W_4^2 & W_4^1 \end{bmatrix} \begin{bmatrix} x(0) \\ x(1) \\ x(2) \\ x(3) \end{bmatrix}$$

$$= \begin{bmatrix} \hat{W}_2 & \hat{W}_2 \\ \hat{W}_2 \Lambda_2 & -\hat{W}_2 \Lambda_2 \end{bmatrix} \begin{bmatrix} x(0) \\ x(1) \\ x(2) \\ x(3) \end{bmatrix} \quad (5.8)$$

となる．ただし，

$$\hat{W}_2 = \begin{bmatrix} W_2^0 & W_2^0 \\ W_2^0 & W_2^1 \end{bmatrix}, \quad \Lambda_2 = \begin{bmatrix} W_4^0 & 0 \\ 0 & W_4^1 \end{bmatrix}$$

とする．したがって，式 (5.8) は

$$\begin{bmatrix} X(0) \\ X(2) \\ X(1) \\ X(3) \end{bmatrix} = \begin{bmatrix} \hat{W}_2 & 0_2 \\ 0_2 & \hat{W}_2 \end{bmatrix} \begin{bmatrix} I_2 & 0_2 \\ 0_2 & \Lambda_2 \end{bmatrix} \begin{bmatrix} I_2 & I_2 \\ I_2 & -I_2 \end{bmatrix} \begin{bmatrix} x(0) \\ x(1) \\ x(2) \\ x(3) \end{bmatrix}$$

$$= \begin{bmatrix} 1 & 1 & 0 & 0 \\ 1 & -1 & 0 & 0 \\ 0 & 0 & 1 & 1 \\ 0 & 0 & 1 & -1 \end{bmatrix} \begin{bmatrix} 1 & 0 & 0 & 0 \\ 0 & 1 & 0 & 0 \\ 0 & 0 & W_4^0 & 0 \\ 0 & 0 & 0 & W_4^1 \end{bmatrix} \begin{bmatrix} 1 & 0 & 1 & 0 \\ 0 & 1 & 0 & 1 \\ 1 & 0 & -1 & 0 \\ 0 & 1 & 0 & -1 \end{bmatrix} \begin{bmatrix} x(0) \\ x(1) \\ x(2) \\ x(3) \end{bmatrix} \quad (5.9)$$

となる．ただし，0_n は n 行 n 列の零行列，I_n は n 行 n 列の単位行列とする．

式 (5.9) は 4 点 DFT を 2 点 DFT からなる行列の積として表現でき，この分解は図 5.5 のように示される．このような分解は $N = 4$ の場合に限らず，2 の

図 5.5　4 点 DFT

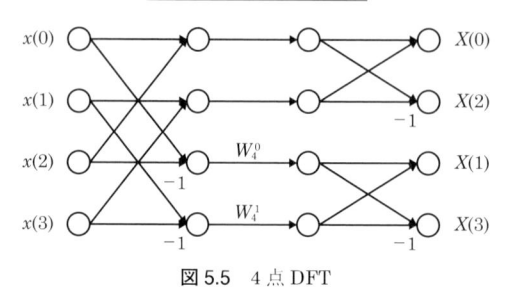

べき乗の N に対して一般的に成立する．この分解手順は蝶のような図になることから，この演算を**バタフライ演算**（butterfly computation）と呼ぶ．

最後に，実際の FFT の計算では，ビット逆順により入れ替えた $X(2)$ と $X(1)$ を元に戻す必要があるので注意する．

[例題 5.4]　2 点 DFT の計算方法を図示せよ．

(解)　2 点 DFT は

$$\begin{bmatrix} X(0) \\ X(1) \end{bmatrix} = \begin{bmatrix} 1 & 1 \\ 1 & -1 \end{bmatrix} \begin{bmatrix} x(0) \\ x(1) \end{bmatrix} = \begin{bmatrix} x(0)+x(1) \\ x(0)-x(1) \end{bmatrix}$$

となる．このバタフライ演算を図 5.6 に示す．ただし，この 2 点 DFT には乗算を必要としない．これが DFT の行列分解の最小単位となる．

図 5.6　バタフライ演算

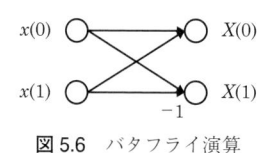

図 5.5 で示した 4 点 DFT は，例題 5.1 の 2 点 DFT を用いて図 5.7 のように表現できる．このように 4 点 DFT は $4/2 = 2$ 個の 2 点 DFT に分解可能であり，N 点 FFT は $N/2$ 個の 2 点 DFT まで分解可能である．

(b)　**FFT アルゴリズムの演算量**

行列分解により DFT の計算量を低減できる．複素乗算は W_N の乗算のみで発生する．N 点 DFT では，

5.3 高速フーリエ変換

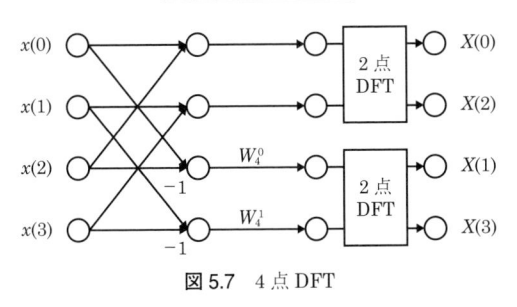

図 5.7 4点DFT

$$\text{ステージ数} - 1 = \log_2 N - 1$$

のステージで複素乗算を含み，その各ステージには $N/2$ 回の乗算がある．つまり複素乗算回数は

$$\frac{N}{2}(\log_2 N - 1)$$

である．ただし，$W_N^0 = 1$ の乗算は実質的には必要ない．

複素加算はバタフライ演算で生じる．$\log_2 N$ 段のステージのすべてでバタフライ演算が存在し，各ステージで N 回の加算が必要となる．つまり複素乗算回数は

$$N \log_2 N$$

である．ただし，入力信号が実数の場合，最初のステージのバタフライ演算は

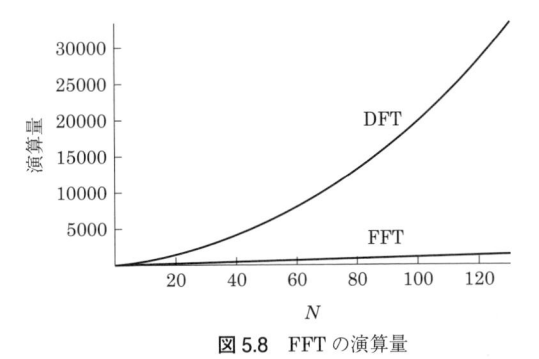

図 5.8 FFT の演算量

5.3.3 IFFT アルゴリズム

IDFT に対する高速アルゴリズムは，FFT アルゴリズムのわずかに修正することで実現できる．IDFT は少ない演算量で実現可能である．実行手順は

1. $X(k)$ の DFT を FFT アルゴリズムを用いて計算する．
2. 利得（$1/N$）を修正する．
3. 結果を並び替える．

である．

たとえば，$N = 4$ の場合

$$\begin{bmatrix} x(0) \\ x(1) \\ x(2) \\ x(3) \end{bmatrix} = \frac{1}{4} \begin{bmatrix} W_4^0 & W_4^0 & W_4^0 & W_4^0 \\ W_4^0 & W_4^{-1} & W_4^{-2} & W_4^{-3} \\ W_4^0 & W_4^{-2} & W_4^{-4} & W_4^{-6} \\ W_4^0 & W_4^{-3} & W_4^{-6} & W_4^{-9} \end{bmatrix} \begin{bmatrix} X(0) \\ X(1) \\ X(2) \\ X(3) \end{bmatrix} \quad (5.10)$$

$W_N = e^{-j2\pi/N}$ の性質に注意すると正の指数で表現できる．

$$\begin{bmatrix} x(0) \\ x(1) \\ x(2) \\ x(3) \end{bmatrix} = \frac{1}{4} \begin{bmatrix} W_4^0 & W_4^0 & W_4^0 & W_4^0 \\ W_4^0 & W_4^3 & W_4^6 & W_4^9 \\ W_4^0 & W_4^2 & W_4^4 & W_4^6 \\ W_4^0 & W_4^1 & W_4^2 & W_4^3 \end{bmatrix} \begin{bmatrix} X(0) \\ X(1) \\ X(2) \\ X(3) \end{bmatrix} \quad (5.11)$$

DFT と同様に

$$\begin{bmatrix} x'(0) \\ x'(1) \\ x'(2) \\ x'(3) \end{bmatrix} = \frac{1}{4} \begin{bmatrix} W_4^0 & W_4^0 & W_4^0 & W_4^0 \\ W_4^0 & W_4^1 & W_4^2 & W_4^3 \\ W_4^0 & W_4^2 & W_4^4 & W_4^6 \\ W_4^0 & W_4^3 & W_4^6 & W_4^9 \end{bmatrix} \begin{bmatrix} X(0) \\ X(1) \\ X(2) \\ X(3) \end{bmatrix} \quad (5.12)$$

式 (5.11) と (5.12) とのの比較から

$$x(0) = x'(0), \quad x(1) = x'(3), \quad x(2) = x'(2), \quad x(3) = x'(1) \quad (5.13)$$

である．つまり，$n = 0$ を除き，$x(n) = x'(N - n)$ と逆順で並べ替えればよい．これは 2 のべき乗の N に対して常に成立する．

5.4 窓関数による信号の抽出

信号の長さが適当な有限長であれば，その周波数解析を DFT に基づき行うことができ，FFT アルゴリズムを使用できる．しかし，音声信号のようにディジタル信号で取り扱われる信号の多くは，非常に長く，データ量が膨大である．このような信号はコンピュータに一度に読込み処理することは限界がある．また，信号全体を取り込むのに膨大な遅延時間が必要となる．このような場合，窓関数を用いて信号の一部を抽出して，抽出された信号に対して FFT アルゴリズムを使用する．ここでは，信号の抽出方法と抽出された信号の影響について述べる．

5.4.1 代表的な窓関数

図 5.9(a) に示す対象信号 $x(n)$ に有限な範囲外で零値を取る窓関数 $w(n)$ を乗じることにより，図信号 5.9(b) のようにを抽出する．

$$x_w(n) = x(n)w(n) \tag{5.14}$$

代表的な窓関数 $w(n)$ を次に示す．

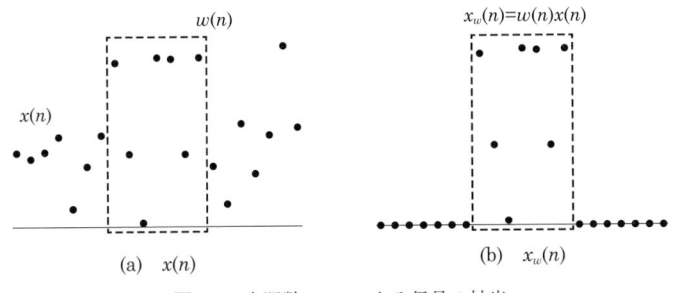

図 5.9 窓関数 $w(n)$ による信号の抽出

$$\text{方形窓}: w(n) = \begin{cases} 1 & (0 \leq n \leq M-1) \\ 0 & (\text{その他}) \end{cases}$$

$$\text{ハニング窓}: w(n) = \frac{1}{2}\left\{1 - \cos\left(\frac{2\pi n}{M}\right)\right\}$$

$$\text{ハミング窓}: w(n) = \alpha - (1-\alpha)\cos\left(\frac{2\pi n}{M}\right), \quad \alpha = 25/46$$

$$\text{ブラックマンハリス窓}: w(n) = 0.423 - 0.498\cos\left(\frac{2\pi n}{M}\right) + 0.0792\cos\left(\frac{4\pi n}{M}\right)$$

これらの窓関数はそれぞれに特徴がある.

窓関数 $w(n)$ により $x_w(n)$ の長さを自由に選択することができ,コンピュータによりそれを解析することができる.しかし,$x_w(n)$ の周波数スペクトルは,元の信号 $x(n)$ の周波数スペクトルとは異なる.信号の抽出には,周波数スペクトルの受ける影響について注意が必要である.

5.4.2 信号抽出の影響

図 5.10 の正弦波信号を例に考える.この信号は,$F = 2\,[\text{Hz}]$ の正弦波信号を $16\,[\text{Hz}]$ のサンプリング周波数 $F_s = 1/T_s$ でサンプリングした信号である.式で表すと

$$x(n) = \cos(\omega_0 n) = \frac{1}{2}e^{j\omega_0 n} + \frac{1}{2}e^{-j\omega_0 n} \tag{5.15}$$

である.ただし,

$$\omega_0 = \Omega T_s = 2\pi F/F_s = \pi/4$$

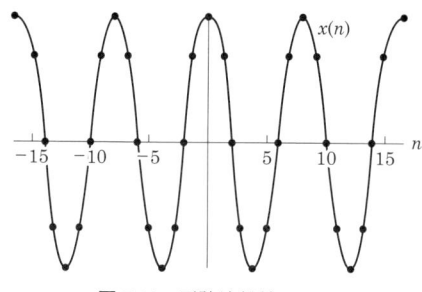

図 5.10 正弦波信号 $x(n)$

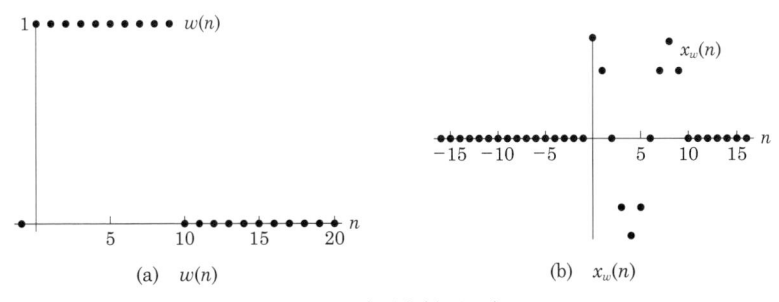

図 5.11 方形窓（窓長 10）

とする．この信号は，周期的な離散時間信号である．信号 $x(n)$ の離散時間フーリエ変換は，

$$X(e^{j\omega}) = \sum_{n=-\infty}^{\infty} x(n)e^{-j\omega n}$$
$$= \sum_{n=-\infty}^{\infty} \frac{1}{2}(e^{j(\omega-\omega_0)n} + e^{-j(\omega-\omega_0)n})$$
$$= \pi\delta(\omega-\omega_0) + \pi\delta(\omega+\omega_0) \tag{5.16}$$

となる．上式は，$\omega = \pm\omega_0$ が周波数の線スペクトルであり，その振幅がそれぞれ π のインパルスであることがわかる．

次に図 5.11(a) に示す窓長 10 の**方形窓**（rectangular window）

$$w(n) = \begin{cases} 1 & (0 \leq n \leq 9) \\ 0 & (その他) \end{cases}$$

を用いて信号 $x(n)$ の一部を図 5.11(b) のように $x_w(n)$ として抽出する．式 (5.14) より

$$x_w(n) = \frac{1}{2}w(n)e^{-j\omega_0 n} + \frac{1}{2}w(n)e^{j\omega_0 n}$$

となる．$x_w(n)$ の離散時間フーリエ変換 $X_w(e^{j\omega})$ は，4 章で述べた周波数シフトの性質より

$$X_w(e^{j\omega}) = \frac{1}{2}W(e^{j(\omega+\omega_0)}) + \frac{1}{2}W(e^{j(\omega-\omega_0)})$$

(a) $|W(e^{j\omega})|$ (b) $|X_w(e^{j\omega})|$

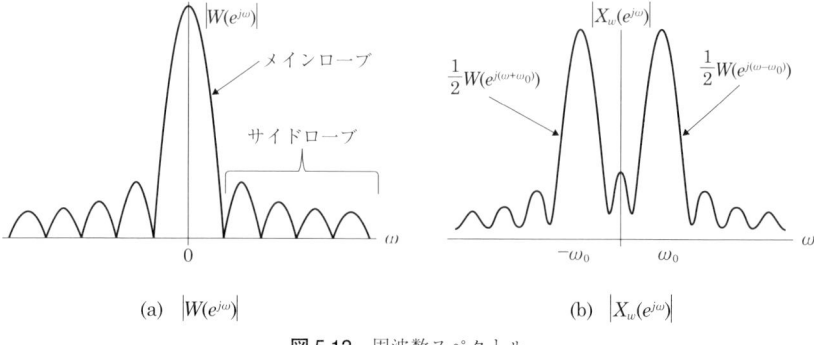

図 5.12 周波数スペクトル

となる．ただし，$W(e^{j\omega})$ は $w(n)$ の離散時間フーリエ変換である．このように窓関数 $w(n)$ の離散時間フーリエ変換 $W(e^{j\omega})$ が周波数シフトした形で信号抽出の影響が周波数解析に現れる．

この例に用いた窓関数 $w(n)$ の周波数スペクトルを図 5.12(a) に示す．$\omega = 0$ を中心として存在するスペクトルの主部を**メインローブ**（main lobe），メインローブ以外のスペクトルを**サイドローブ**（side lobe）という．

図 5.12(b) のように $X(e^{j\omega})$ の $\omega = \pm\omega_0$ に存在した線スペクトルは，$X_w(e^{j\omega})$ では $\omega = \pm\omega_0$ を中心とした連続スペクトルとして現れる．これは窓関数 $w(n)$ の周波数スペクトル $W(e^{j\omega})$ のメインローブのコピーであり，$\omega = \pm\omega_0$ の周辺に分散する数多くの小さいスペクトルのピークは窓関数 $w(n)$ の周波数スペクトル $W(e^{j\omega})$ のサイドローブのコピーである．

周波数解析では，一般に次のことが望まれる．

- 近接する複数の周波数スペクトルを検出
- 振幅の小さいスペクトルを検出

高精度の周波数解析を実現するには，窓関数に対して次の条件が要求される．

1. 窓関数の周波数スペクトルのメインローブの幅が狭く，急峻
2. 窓関数の周波数スペクトルのサイドローブの振幅が小さく，高周波になるほど急激に減衰

条件 1 は近接する複数の周波数スペクトルを検出するためであり，条件 2 は振

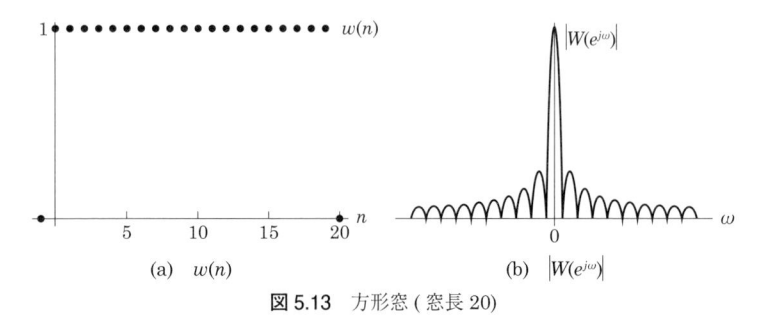

5.4 窓関数による信号の抽出

図 5.13 方形窓 (窓長 20)

幅の小さいスペクトルを検出するためである．

たとえば，図 5.11 の窓関数の長さを 2 倍にすると，図 5.13 のようにスペクトルは周波数上で半分に縮小し，メインローブは急峻となる．このように窓関数の周波数スペクトルのメインローブの幅は窓の長さに依存する．窓の長さ N を長くすると，狭くなる傾向にあり，計算機のメモリに余裕があれば十分に長い窓を利用するべきである．しかし，窓の長さが一定の場合，条件 1 と 2 はトレードオフの関係にある．メインローブの幅が狭い窓はサイドローブの振幅が大きくなり，メインローブの幅が広い窓はサイドローブの振幅が小さくなる．信号の性質と周波数解析の目的に応じて適切な窓を選択することが重要である．

条件 1 と 2 を満たす窓関数は窓の中心部で値が大きく，窓の端に向かって滑らかに減衰することが理想である．前述の方形窓は最も単純な窓であり，メインローブの幅が小さくなるがサイドローブの振幅が大きくなる．このため，前述のようにさまざまな窓関数が提案されている．

[例題 5.5] $M = 10$ の**ハミング窓**（Hamming window）により，式 (5.15) の信号を抽出せよ．また，抽出した信号の振幅スペクトルを図示せよ．

(解) $M = 10$ のハミング窓は

$$w(n) = \alpha - (1-\alpha)\cos\left(\frac{2\pi n}{10}\right), \quad \alpha = 25/46$$

となる．この信号と振幅スペクトルを図 5.14(a)(b) にそれぞれ示す．また，抽出された信号 $x_w(n)$ とその振幅スペクトルを図 5.14(c)(d) にそれぞれ示す．

メインローブの幅は方形窓より広いが，サイドローブの振幅の大きさは十分

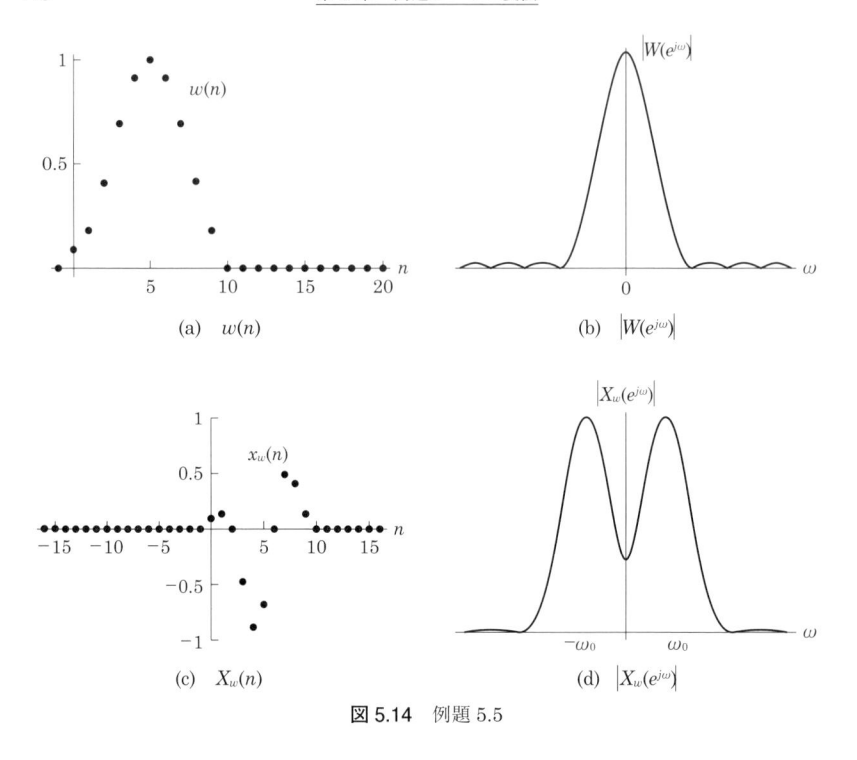

(a) $w(n)$
(b) $|W(e^{j\omega})|$
(c) $X_w(n)$
(d) $|X_w(e^{j\omega})|$

図 5.14　例題 5.5

に小さい．メインローブの幅とサイドローブの振幅はトレードオフの関係にあるのでハミング窓が優れていることがわかる．このため，多くの信号処理にハミング窓が使用される．

〈5 章の問題〉

5.1　8 点 DFT の $X(k)$ を求めよ．

5.2　問題 5.1 のバタフライ演算を図示せよ．

5.3　問題 5.1 の演算量を計算せよ．

5.4　$M = 10$ のハニング窓の信号 $w(n)$ と振幅特性 $W(e^{j\omega})$ を図示せよ．

5.5　$M = 10$ のブラックマン・ハリス窓の信号 $w(n)$ と振幅特性 $W(e^{j\omega})$ を図示せよ．

6 ディジタルフィルタ

章の要約

フーリエ変換により信号の周波数分析を分析でき，特定の周波数成分のみを取り出すことができる．しかし，信号に含まれる雑音を除去したい場合にはフーリエ変換や FFT が適さない場合もある．アナログ回路では，このような場合にコンデンサと抵抗を組み合わせたアナログフィルタをよく用いる．本章では，実際に使用されるアナログフィルタとディジタルフィルタについて紹介する．

6.1 アナログフィルタ

信号処理の分野において**フィルタ**（filter）とは，不要な周波数の信号を除去し，必要な周波数成分の信号だけを抽出することである．このようなフィルタは**周波数選択性フィルタ**（frequency selective filter）とも呼ばれる．

ここで説明する**アナログフィルタ**（analog filter）とは，入力信号と出力信号がともにアナログ信号となる周波数選択性フィルタであり，線形時不変システムである．

6.2 フィルタの種類

図 6.1 に代表的なフィルタを示す．

(a) 低域通過フィルタ（low pass filter: LPF）
高周波成分の信号のみを除去する．

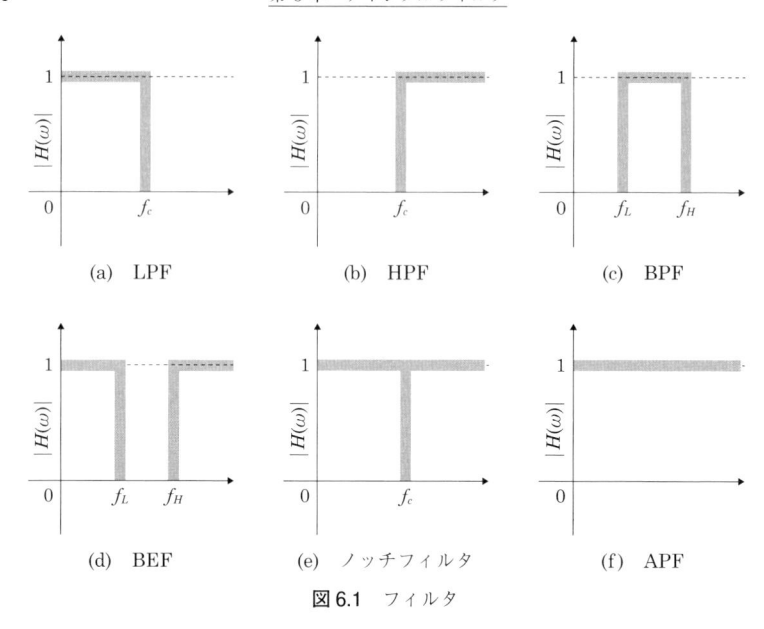

図 6.1 フィルタ

(a) LPF (b) HPF (c) BPF
(d) BEF (e) ノッチフィルタ (f) APF

(b) 高域通過フィルタ（high pass filter: HPF）
低周波成分の信号のみを除去する．

(c) 帯域通過フィルタ（band pass filter: BPF）
特定の周波数帯域の信号のみを通過する．

(d) 帯域阻止（遮断）フィルタ（band eliminate filter: BEF）
特定の周波数帯域の信号のみを除去する．

(e) ノッチフィルタ（notch filter）
特定の周波数信号のみを除去する．

(f) オールパスフィルタ（all pass filter: APF）
すべての帯域の信号を通過する．

　APF は無意味のように思えるが，特定の周波数の信号の位相のみを変化させるために使用される．
　このような通過周波数帯域の違いでフィルタを分類する以外にも，次のような振幅特性や位相特性によるフィルタの分類がある．

図6.2 減衰の急峻による分類

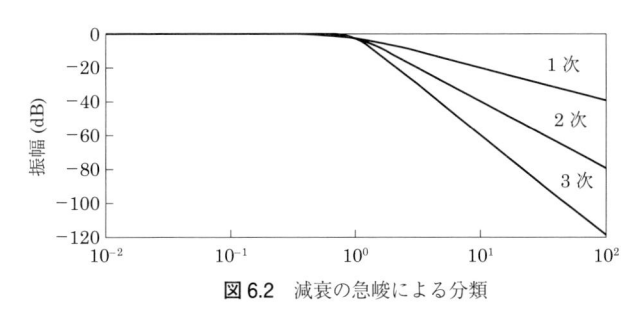

(a) バターワース（Butterworth）特性フィルタ
振幅特性を重視して通過域では平坦となり，位相特性は遮断周波数の直前でピークをもつ．

(b) チェビシェフ（Chebyshev）特性フィルタ
遮断特性を急峻にするため，通過域での変動を許して遮断周波数付近で大きなピークをもつ．

(c) ベッセル（Bessel）特性フィルタ
波形の伝送ひずみを最小に抑制し，振幅特性はバターワース特性フィルタよりも緩慢になる．

また，図6.2のように減衰の急峻の程度により，1次フィルタ（$-20\,\mathrm{dB/dec}$），2次フィルタ（$-40\,\mathrm{dB/dec}$），3次フィルタ（$-60\,\mathrm{dB/dec}$），…の分類もある．

以上のように，周波数特性，振幅・位相特性，減衰の急峻の程度により分類されるフィルタは多数存在する．

6.3 フィルタの性質

周波数選択性フィルタが満たすべき性質は

性質1 通過域（passband）で振幅特性が一定．
性質2 過渡域（transition band）での傾きが急峻．
性質3 阻止域（stop band）で振幅特性が零．
性質4 直線位相（linear phase response）をもつ．すなわち，通過域で位相特性 $\theta(\omega)$ が角周波数に比例して直線的に変化．

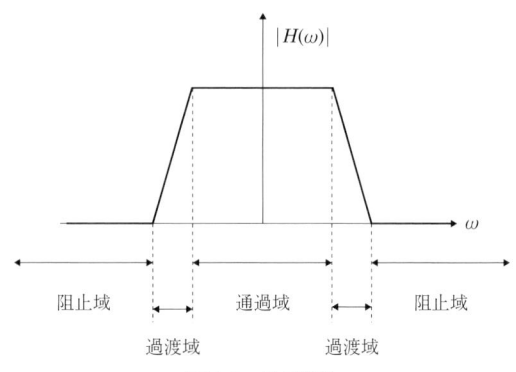

図 6.3 振幅特性

である．これらは図 6.3 を参照のこと．

なお，通過域は $|H(\omega)|$ が十分に大きい ω の領域，阻止域は $|H(\omega)|$ が十分に小さい ω の領域，過渡域は通過域と阻止域との間の領域である．

性質 4 の直線位相について説明する．信号成分が歪まないためには，フィルタの出力は単に定数倍されて遅延するだけである．フィルタの入力信号 $x(t)$，出力信号を $y(t)$ とする．このとき，入力信号 $x(t)$ の出力信号 $y(t)$ は $Ax(t-\tau)$ となる．ただし，A は定数，τ は遅延時間とする．この $Ax(t-\tau)$ のフーリエ変換 $Y(\omega)$ は

$$Y(\omega) = \int_{-\infty}^{\infty} Ax(t-\tau)e^{-j\omega t}dt = AX(\omega)e^{-j\omega\tau} \tag{6.1}$$

となる．ただし，$X(\omega)$ は $x(t)$ のフーリエ変換とする．フィルタの周波数応答を $H(\omega)$ とすると，式 (6.1) より

$$H(\omega) = \frac{Y(\omega)}{X(\omega)} = Ae^{-j\omega\tau} \tag{6.2}$$

となり，振幅特性が A，位相特性が $-\omega\tau$ である．これは，歪みのないときフィルタの位相特性が角周波数に比例して直線的に変化することを示す．

6.4 群遅延

入力信号と出力信号は，これまで周波数特性を用いて，振幅特性（周波数と振幅）と位相特性（周波数と位相）を評価していた．位相特性では，正弦波の入

6.4 群遅延

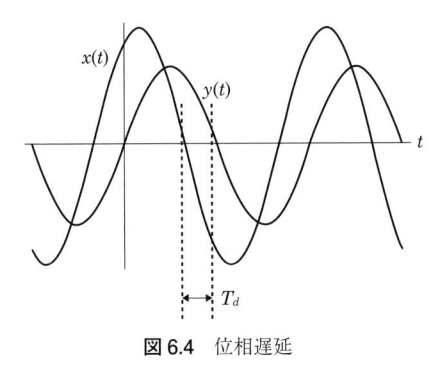

図 6.4 位相遅延

出力信号間の遅延時間を正弦波周期（360 度）を基準として遅延を角度として表す．伝達関数 $H(s)$ における位相特性は，

$$\phi(\omega) = \tan^{-1} \frac{\operatorname{Im} H(j\omega)}{\operatorname{Re} H(j\omega)} \quad (6.3)$$

となる．

応答遅延時間 T_d は，周波数 f のとき 1 周期が $1/f$ で 1 周期に対して角度の比から $\phi(\omega)/2\pi$ となるため**位相遅延** (phase delay) は，図 6.4 のように

$$T_d(\omega) = -\frac{\phi(\omega)}{2\pi f} = -\frac{\phi(\omega)}{\omega} \quad (6.4)$$

である．ただし，T_d は遅延を示すため，位相進みに対しては負となる．このような周波数と遅延時間の特性は，低周波域から高周波域までのシステムの遅延を評価するのに用いられる．たとえば，音響機器では低周波数から高周波数まで遅延が均一であれば，低音から高音まで音が正しく再現されることを意味する．

群遅延 (group delay) は，位相の角周波数の微分

$$T_{gd}(\omega) = -\frac{d\phi(\omega)}{d\omega} \quad (6.5)$$

として定義される．微分による群遅延は，周波数と位相特性における負の傾きを示しており，1 に近いほど変化が少ないため，位相遅延とは異なり限定された周波数範囲において急激に変化する遅延時間を対象として評価する．

これら位相遅延と群遅延の差異は，位相遅延が 2 つの正弦波の「波のずれ」を表すのに対して群遅延は「うなりのずれ」を表すことになる．位相遅延には不定性 (位相 $\phi + 2\pi n$ で同値になる) があり，フィルタの特性評価の指標としては位相遅延よりも群遅延を用いることが多い．

6.5　アナログフィルタの回路構成

アナログフィルタの一例として，コンデンサ，コイル，抵抗で構成する回路を図 6.5 に示す．

時刻 $t = 0$ から入力電圧 $v_i(t)$ を印可する．出力電圧を $v_o(t)$，回路を流れる電流を $i(t)$，コンデンサの容量を C，コイルのインダクタンスを L，抵抗値を R とする．ただし，コンデンサには $t < 0$ には電荷はなかったものとする．

入出力の関係は

$$v_i(t) = \frac{1}{C}\int_0^t i(\tau)d\tau + L\frac{di(t)}{dt} + Ri(t)$$
$$v_o(t) = Ri(t) \tag{6.6}$$

となる．

フィルタの入力信号 $v_i(t)$ と出力信号 $v_o(t)$ を用いて，フィルタの伝達関数をラプラス変換により求める．

$v_i(t)$，$v_o(t)$，$i(t)$ のラプラス変換を次のようにおく．

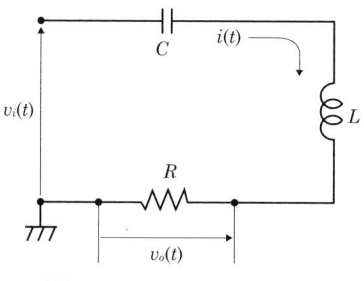

図 6.5　アナログフィルタの例

$$V_i(s) = \int_0^\infty v_i(t)e^{-st}dt$$

$$V_o(s) = \int_0^\infty v_o(t)e^{-st}dt$$

$$I(s) = \int_0^\infty i(t)e^{-st}dt \tag{6.7}$$

これらの式より式 (6.6) は，

$$V_i(s) = \frac{1}{Cs}I(s) + LsI(s) + RI(s)$$

$$I(s) = \frac{V_i(s)}{\frac{1}{Cs} + Ls + R}$$

$$V_o(s) = RI(t) = \frac{RV_i(s)}{\frac{1}{Cs} + Ls + R} \tag{6.8}$$

となる．

アナログフィルタの伝達関数は，インパルス応答のラプラス変換であり，z 変換と同様に出力信号のラプラス変換と入力信号のラプラス変換の比で得られる．このフィルタの伝達関数は

$$H(s) = \frac{V_o(s)}{V_i(s)} = \frac{RCs}{CLs^2 + RCs + 1} \tag{6.9}$$

となる．

6.6 アナログフィルタの設計

アナログフィルタの設計手順は

1. フィルタの近似：必要な特性に近い伝達関数を決定．
2. 回路の実現：抵抗，コンデンサ，コイル，オペアンプ等を用いて構成．

である．ただし，アナログフィルタでは，

条件 1 線形時不変システム
条件 2 BIBO 安定

を満たす必要がある．条件 1 より，アナログフィルタは線形微分方程式で表され，アナログフィルタの伝達関数（インパルス応答のラプラス変換）$H(s)$ は s

の有理関数となる．2.4.4 項で述べたように，これは離散時間システムにおいて，線形時不変システムが一般的に定係数差分方程式で表され，その伝達関数（インパルス応答の z 変換）$H(z)$ が z の有理関数になることに対応する．前節のアナログフィルタは，条件 1 を満足する．

条件 2 は，伝達関数 $H(s)$ の極の実部が負となる条件と等価である．3.3.2 項で述べたように，これは離散時間・線形時不変システムにおける BIBO 安定の必要十分条件（伝達関数 $H(z)$ の極の絶対値が 1 未満）と対応する．

z と s はサンプル値のラプラス変換より

$$z = e^{sT} = e^{\{\mathrm{Re}(s)+j\,\mathrm{Im}(s)\}T} = e^{\mathrm{Re}(s)T} \cdot e^{j\,\mathrm{Im}(s)T} \tag{6.10}$$

となる．ただし，$\mathrm{Re}(s)$ は s の実部，$\mathrm{Im}(s)$ は虚部とする．ここで，$e^{j\,\mathrm{Im}(s)T}$ は複素平面上の単位円になるため

$$|z| = |e^{j\,\mathrm{Im}(s)T}|e^{\mathrm{Re}(s)T} = e^{\mathrm{Re}(s)T} \tag{6.11}$$

が得られ，$|z|$ が 1 未満とは，s の実部が負であることと等価である．

6.6.1　理想低域通過フィルタ

理想低域通過フィルタの周波数特性は

$$|H_{id}(\omega)| = \begin{cases} A & (|\omega| < \omega_c) \\ 0 & (|\omega| \geq \omega_c) \end{cases} \tag{6.12}$$

となる．ただし，$H_{id}(\omega)$ は周波数応答，A は正の定数，ω_c はカットオフ角周波数とする（図 6.6）．

直線位相を満足するとき，$H_{id}(\omega)$ は

$$H_{id}(\omega) = \begin{cases} Ae^{-j\omega t_0} & (|\omega| < \omega_c) \\ 0 & (|\omega| \geq \omega_c) \end{cases} \tag{6.13}$$

となる．ただし，t_0 は実数の定数とする．

インパルス応答は，周波数応答を逆フーリエ変換して求めると

6.6 アナログフィルタの設計

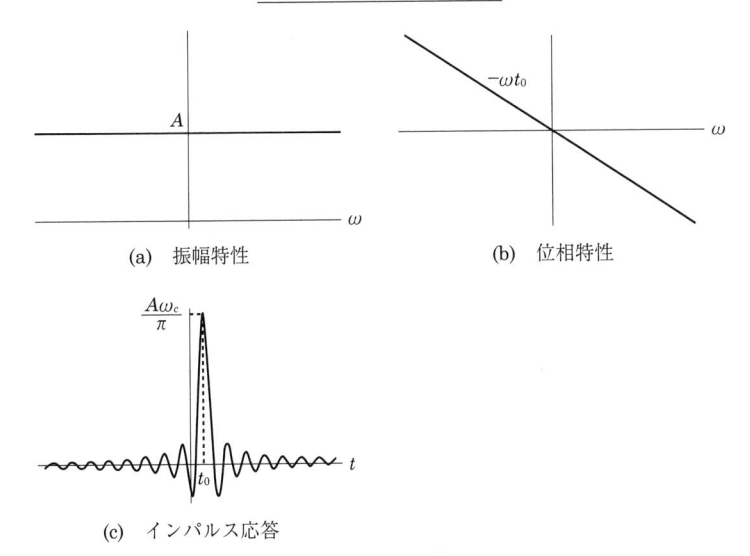

(a) 振幅特性

(b) 位相特性

(c) インパルス応答

図 6.6 理想フィルタ

$$\begin{aligned}
h_{id}(t) &= \frac{1}{2\pi}\int_{-\omega_c}^{\omega_c} A e^{-j\omega t_0} e^{j\omega t} d\omega \\
&= \frac{A}{2\pi}\left[\frac{e^{j\omega(t-t_0)}}{j(t-t_0)}\right]_{-\omega_c}^{\omega_c} \\
&= A\frac{\sin[\omega_c(t-t_0)]}{\pi(t-t_0)}
\end{aligned} \tag{6.14}$$

となる．上式より，$h_{id}(t)$ は $t<0$ でも 0 にならず，因果性を満足しない．

理想フィルタは実現できないが，理論的な考察を行うのに有用である．

6.6.2 バターワースフィルタ

バターワースフィルタ（Butterworth filter）の振幅の 2 乗特性は

$$|H_B(\omega)|^2 = \frac{1}{1+\left(\dfrac{\omega}{\omega_c}\right)^{2n}} \tag{6.15}$$

となる．ただし，$H_B(\omega)$ は周波数応答，n はフィルタの次数を表す正の整数，ω_c はカットオフ角周波数とする．

図 6.7 バターワースフィルタ

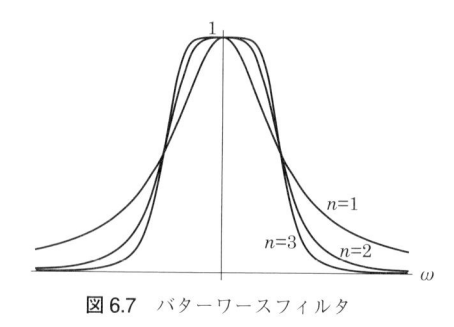

この振幅の 2 乗特性を図 6.7 に示す．バターワースフィルタは，

- 通過域の振幅特性は平坦
- 過渡域での振幅特性は急峻にならない

となる．

$\omega_c = 1$ とする正規化バターワースフィルタは次数により一般形式が決まっている．

1 次 : $H_{B1}(s) = \dfrac{1}{s+1}$

2 次 : $H_{B2}(s) = \dfrac{1}{s^2 + 1.4142s + 1}$

3 次 : $H_{B3}(s) = \dfrac{s+1}{s^3 + 2s^2 + 2s + 1}$

4 次 : $H_{B4}(s) = \dfrac{1}{(s^2 + 0.7654s + 1)(s^2 + 1.8478s + 1)}$

5 次 : $H_{B5}(s) = \dfrac{1}{(s+1)(s^2 + 0.6180s + 1)(s^2 + 1.6180s + 1)}$

6 次 : $H_{B6}(s) = \dfrac{1}{(s^2 + 0.5176s + 1)(s^2 + 1.4142s + 1)(s^2 + 1.9319s + 1)}$

7 次 : $H_{B7}(s) = \dfrac{1}{(s+1)(s^2 + 0.4450s + 1)(s^2 + 1.2470s + 1)(s^2 + 1.8019s + 1)}$

8 次 : $H_{B8}(s) = \dfrac{1}{(s^2 + 0.3902s + 1)(s^2 + 1.1111s + 1)(s^2 + 1.6629s + 1)(s^2 + 1.9616s + 1)}$

これらのフィルタはカットオフ周波数 1 [rad/sec] に対応する低域通過フィルタである．

図 6.8 チェビシェフフィルタ

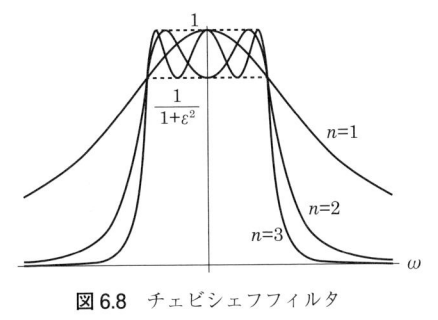

6.6.3 チェビシェフフィルタ

チェビシェフフィルタ（Chebyshev filter）の振幅 2 乗特性は

$$|H_c(\omega)|^2 = \frac{1}{1 + \varepsilon^2 T_n^2(\omega/\omega_c)} \tag{6.16}$$

となる．ただし，$H_c(\omega)$ は周波数応答であり，ε は正の定数，ω_c はカットオフ角周波数とする．

$T_n(x)$ は n 次のチェビシェフ多項式であり，

$$T_n(x) = \cos(n\cos^{-1} x) \tag{6.17}$$

と定義される．特に，$n=1$ とき，

$$T_1(x) = \cos(\cos^{-1} x) = x$$

$n=2$ のとき，

$$T_2(x) = \cos(2\cos^{-1} x) = 2\cos^2(\cos^{-1} x) - 1 = 2x^2 - 1$$

となる．

この振幅 2 乗特性を図 6.8 に示す．この図より，チェビシェフフィルタは，

- 通過域の振幅特性は非平坦
- 過渡域での振幅特性は急峻

となる．

6.6.4 ベッセルフィルタ

ベッセルフィルタの伝達関数は

$$H_{BS}(s) = \frac{\theta_n(0)}{\theta_n(s/\omega_c)} \tag{6.18}$$

である．ただし，$\theta_n(s)$ は逆ベッセル多項式

$$\theta_n(x) = \sum_{k=0}^{n} \frac{(2n-k)! x^k}{(n-k)! k! 2^{n-k}} \tag{6.19}$$

とする．しがたって，ベッセルフィルタは次数により形式が決まっている．

1次 : $H_{BS1}(s) = \dfrac{1}{s+1}$

2次 : $H_{BS2}(s) = \dfrac{1}{s^2 + 3s + 3}$

3次 : $H_{BS3}(s) = \dfrac{15}{s^3 + 6s^2 + 15s + 15}$

4次 : $H_{BS4}(s) = \dfrac{105}{s^4 + 10s^3 + 45s^2 + 105s + 105}$

5次 : $H_{BS5}(s) = \dfrac{945}{s^5 + 15s^4 + 105s^3 + 420s^2 + 945s + 945}$

6次 : $H_{BS6}(s) = \dfrac{10395}{s^6 + 21s^5 + 210s^4 + 1260s^3 + 4725s^2 + 10395s + 10395}$

7次 : $H_{BS7}(s) = \dfrac{135135}{s^7 + 28s^6 + 378s^5 + 3150s^4 + 17325s^3 + 62370s^2 + 135135s + 135135}$

8次 : $H_{BS8}(s) = \dfrac{2027025}{s^8 + 36s^7 + 630s^6 + 6930s^5 + 51975s^4 + 270270s^3 + 945945s^2 + 2027025s + 2027025}$

これらのフィルタはカットオフ周波数 1 [rad/sec] に対応する低域通過フィルタである．

ベッセルフィルタの特徴は，群遅延がフィルタの通過域で一定に設定できることである．図6.9は，特性周波数を $\omega = 1$ としたきの振幅特性と群遅延特性を示す．次数に応じて高周波数まで遅延時間を一定に保ち，カットオフ周波数よりも高域においても遅延時間が一定に保たれる．つまり，ベッセルフィルタの次数が大きくなるとカットオフ周波数から阻止域の帯域においての遮断特性が悪化する．これは，ベッセルフィルタを設計する上で注意すべき点である．

6.7 周波数変換

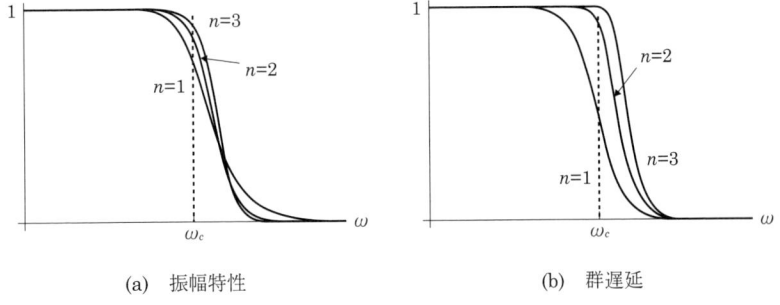

(a) 振幅特性 (b) 群遅延

図 6.9 ベッセルフィルタ

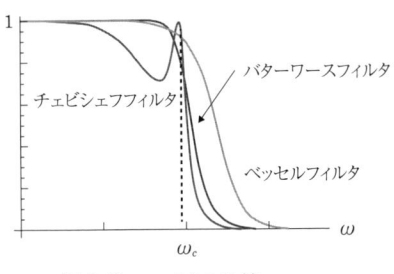

図 6.10 フィルタの比較

バターワースフィルタ，ベッセルフィルタ，チェビシェフフィルタの振幅特性を図 6.10 に示す．ただし，各フィルタには 3 次の伝達関数を用いる．

6.7 周波数変換

一般的に，カットオフ周波数が 1 [rad/sec] の基準低域通過フィルタの伝達関数を設計し，**周波数変換**（frequency transformation）により高域通過フィルタや帯域通過フィルタの他の伝達関数へ変換する．

この周波数変換の具体的な例を次に示す．

6.7.1 低域通過フィルタ

低域通過フィルタを $H_{LP}(s)$ は基準低域通過フィルタを $H_{RLP}(s)$ を用いて

$$H_{LP}(s) = H_{RLP}\left(\frac{s}{\omega_c}\right) \tag{6.20}$$

と表される．ただし，ω_c はカットオフ周波数とする．

低域通過フィルタの

$$s = j\omega_c \tag{6.21}$$

は，基準低域通過フィルタの

$$s = \frac{j\omega_c}{\omega_c} = j \tag{6.22}$$

に対応し，低域通過フィルタの

$$s = j \times \infty \tag{6.23}$$

は，基準低域通過フィルタの

$$s = \frac{j\infty}{\omega_c} = j \times \infty \tag{6.24}$$

に対応する．

また，低域通過フィルタの

$$s = j \times 0 \tag{6.25}$$

は，基準低域通過フィルタの

$$s = \frac{j \times 0}{\omega_c} = j \times 0 \tag{6.26}$$

に対応する．

[例題 6.1] 1次バターワースフィルタ

$$H(s) = \frac{1}{s+1}$$

を，カットオフ周波数 $\omega_c = 2$ の低域通過フィルタへ変換せよ．

(解) 低域通過フィルタへ変換するには，上式の s に $\dfrac{s}{\omega_c}$ を代入して

$$H(s) = \frac{2}{s+2}$$

となる．

6.7.2 高域通過フィルタ

高域通過フィルタを $H_{HP}(s)$ は基準低域通過フィルタ $H_{RLP}(s)$ を用いて

$$H_{HP}(s) = H_{RLP}\left(\frac{\omega_h}{s}\right) \tag{6.27}$$

と表せる．ただし，ω_h はカットオフ周波数とする．

高域通過フィルタの

$$s = j\omega_h \tag{6.28}$$

は，基準低域通過フィルタの

$$s = \frac{\omega_h}{j\omega_h} = -j \tag{6.29}$$

に対応し，高域通過フィルタの

$$s = j \times \infty \tag{6.30}$$

は，基準低域通過フィルタの

$$s = \frac{\omega_h}{j\infty} = -j \times 0 \tag{6.31}$$

に対応する．

また，高域通過フィルタの

$$s = j \times 0 \tag{6.32}$$

は，基準低域通過フィルタの

$$s = \frac{\omega_h}{j \times 0} = -j \times \infty \tag{6.33}$$

に対応する．

[例題 6.2] 1次バターワースフィルタ

$$H(s) = \frac{1}{s+1}$$

を，カットオフ周波数 $\omega_h = 5$ の高域通過フィルタへ変換せよ．

(**解**) 高域通過フィルタへ変換するには，上式の s に $\frac{\omega_h}{s}$ を代入して
$$H(s) = \frac{s}{s+5}$$
となる．

6.7.3 帯域通過フィルタ

帯域通過フィルタを $H_{BP}(s)$ は基準低域通過フィルタ $H_{RLP}(s)$ を用いて
$$H_{BP}(s) = H_{RLP}\left(\frac{s^2 + \omega_b^2}{\omega_c s}\right) \tag{6.34}$$
と表される．ただし，$\omega_b = \sqrt{\omega_1 \omega_2}$，$\omega_c = \omega_2 - \omega_1$，通過域を $\omega_1 \sim \omega_2$ とする．

帯域通過フィルタの
$$s = j\omega_1 \tag{6.35}$$
は，基準低域通過フィルタの
$$s = \frac{-\omega_1^2 + \omega_1 \omega_2}{j\omega_1 \omega_c} = -j \tag{6.36}$$
に対応し，帯域通過フィルタの
$$s = j\omega_2 \tag{6.37}$$
は，基準低域通過フィルタの
$$s = \frac{-\omega_2^2 + \omega_1 \omega_2}{j\omega_2 \omega_c} = j \tag{6.38}$$
に対応し，帯域通過フィルタの
$$s = j\omega_b \tag{6.39}$$
は，基準低域通過フィルタの
$$s = \frac{-\omega_1 \omega_2 + \omega_1 \omega_2}{j\omega_b \omega_c} = 0 \tag{6.40}$$

に対応する．

[例題 6.3] 1次バターワースフィルタ
$$H(s) = \frac{1}{s+1}$$
を，通過域 1～10 [rad/sec] の帯域通過フィルタへ変換せよ．

(解) $\omega_b = \sqrt{10}$, $\omega_c = 9$ となる．帯域通過フィルタへ変換するには，上式の s に $\dfrac{s^2+\omega_b^2}{\omega_c s}$ を代入して
$$H(s) = \frac{9s}{s^2+9s+10}$$
となる．

6.7.4 帯域阻止フィルタ

帯域通過フィルタ $H_{BR}(s)$ は基準低域通過フィルタ $H_{RLP}(s)$ を用いて
$$H_{BR}(s) = H_{RLP}\left(\frac{\omega_c s}{s^2+\omega_b^2}\right) \tag{6.41}$$
と表される．ただし，$\omega_b = \sqrt{\omega_1 \omega_2}$, $\omega_c = \omega_2 - \omega_1$, 阻止域を ω_1～ω_2 とする．

帯域阻止フィルタの
$$s = j\omega_1 \tag{6.42}$$
は，基準低域通過フィルタの
$$s = \frac{j\omega_1\omega_c}{-\omega_1^2+\omega_1\omega_2} = j \tag{6.43}$$
に対応し，帯域阻止フィルタの
$$s = j\omega_2 \tag{6.44}$$
は，基準低域通過フィルタの
$$s = \frac{j\omega_2\omega_c}{-\omega_2^2+\omega_1\omega_2} = -j \tag{6.45}$$

に対応し，帯域阻止フィルタの

$$s = j \times 0 \tag{6.46}$$

は，基準低域通過フィルタの

$$s = \frac{j \times 0 \times \omega_c}{\omega_b^2} = 0 \tag{6.47}$$

に対応する．

［例題 6.4］ 1 次バターワースフィルタ

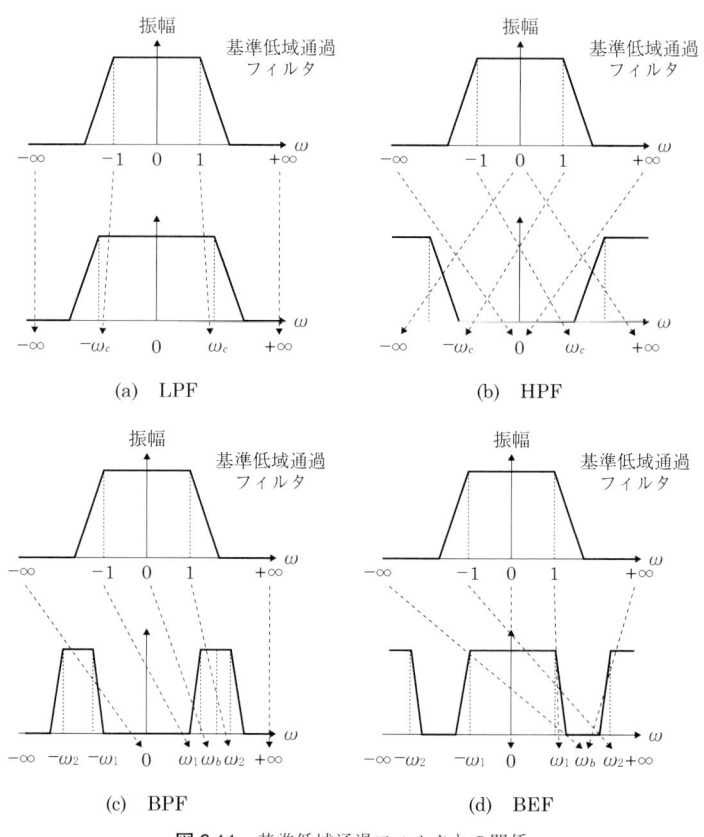

(a) LPF

(b) HPF

(c) BPF

(d) BEF

図 6.11　基準低域通過フィルタとの関係

$$H(s) = \frac{1}{s+1}$$

を，阻止域 1〜10 [rad/sec] の帯域阻止フィルタへ変換せよ．

（解） $\omega_b = \sqrt{10}$, $\omega_c = 9$ となる．帯域阻止フィルタへ変換するには，上式の s に $\dfrac{\omega_c s}{s^2 + \omega_b^2}$ を代入して

$$H(s) = \frac{s^2 + 10}{s^2 + 9s + 10}$$

となる．

以上より，基準低域通過フィルタと低域通過フィルタ，高域通過フィルタ，帯域通過フィルタ，帯域阻止フィルタの関係を図 6.11 に示す．

6.8 ディジタルフィルタ

LC フィルタや増幅器を利用するアクティブフィルタなどのアナログフィルタの構成法は，高度に発達していてすでに理論が完成している．ディジタルフィルタの設計にもその成果を利用することができる．アナログフィルタからディジタルフィルタを得ることは，それらの特性を表す伝達関数をラプラス変換の変数 s の関数から z 変換の変数 z の関数に変換することになる．このようなディジタルフィルタの設計法を s-z 変換法と呼ぶ．

6.8.1 双 1 次 s-z 変換法

アナログフィルタ $H(s)$ からディジタルフィルタ $H(z)$ への変換を考える．その s から z への写像変換として，ここでは**双 1 次変換** (bilinear transformation) を考える．双 1 次変換の式は，1 サンプル区間の積分を台形近似することによって導出できる．すなわち，連続時間関数 $y(t)$ のある時刻 $t - T$ における値は，それよりも 1 サンプル分だけ前の時刻 t における値と，その後の T だけの時間経過による増分の和として次式と表すことができる．

$$y(t) = y(t - T) + \int_{t-T}^{t} \dot{y}(t) dt, \quad \dot{y}(t) = \frac{dy(t)}{dt} \tag{6.48}$$

この式中の積分を台形近似すると

$$y(t) - y(t - T) = \frac{T}{2}\left\{\frac{d}{dt}y(t) + \frac{d}{dt}y(t - T)\right\} \tag{6.49}$$

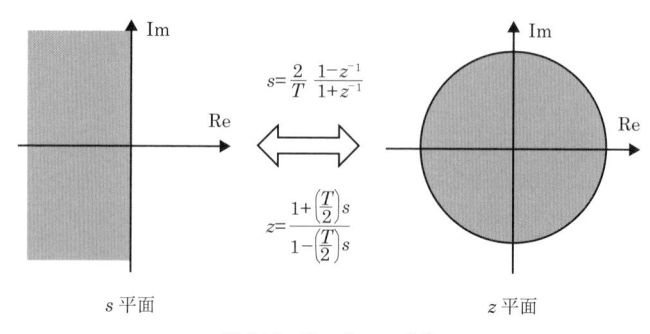

図 6.12 双 1 次 s-z 変換

となる．上式の両辺をラプラス変換すると

$$Y(s)(1 - e^{-Ts}) = \frac{T}{2} sY(s)(1 + e^{-Ts}) \tag{6.50}$$

となり，$z = e^{Ts}$ の関係式を代入すると

$$s = \frac{2}{T} \frac{1 - z^{-1}}{1 + z^{-1}} = \frac{2}{T} \frac{z - 1}{z + 1} \tag{6.51}$$

となる．この式から逆に

$$z = \frac{1 + \left(\dfrac{T}{2}\right) s}{1 - \left(\dfrac{T}{2}\right) s} \tag{6.52}$$

を得る．上の 2 式による s 領域と z 領域との変換は，分母・分子ともに 1 次の有理関数をもつため，双 1 次変換と呼ばれる．図 6.12 に示すように s 平面の左半平面は z 平面の単位円の内部に写像される．なお，式 (6.52) の s の係数 $T/2$ は s のスケールを変えるだけで安定性に影響を与えない．

[例題 6.5] 次の伝達関数を双 1 次 s-z 変換せよ．ただし，サンプリング周期は T [sec] とする．

$$H(s) = \frac{1}{s + 1}$$

（解）上式に

$$s = \frac{2}{T} \frac{z - 1}{z + 1}$$

を代入して
$$H(z) = \frac{\frac{T}{T-2} + \frac{T}{T-2}z^{-1}}{1 + \frac{T+2}{T-2}z^{-1}}$$
となる.

6.8.2 アナログ角周波数とディジタル角周波数との関係

双 1 次 s-z 変換法によりアナログの伝達関数とディジタルの伝達関数の周波数特性の関係を求める.ただし,ここではアナログの角周波数 ω_a,ディジタルの角周波数 ω_d とする.ディジタルの伝達関数の周波数特性を調べるため,

$$z = e^{j\omega_d T} \tag{6.53}$$

とすると,式 (6.51) の周波数特性は

$$s = \frac{2}{T}\frac{1 - e^{-j\omega_d T}}{1 + e^{-j\omega_d T}} = \frac{2}{T}j\tan\left(\frac{\omega_d T}{2}\right) \tag{6.54}$$

となる.

式 (6.53) は,z 平面上では単位円を示し,s 平面上では虚軸を示す.したがって,s の実部は 0 とおける.周波数特性を調べるには,$s = j\omega_a$ となり,式 (6.54) の左辺に代入すると

$$\omega_a = \frac{2}{T}\tan\left(\frac{\omega_d T}{2}\right) \tag{6.55}$$

の関係を得る.これを図 6.13 に示す.図のようにアナログ周波数 ω_a とディジタル周波数 ω_d は非線形の関係にある.この関係より,$-\infty \leq \omega_a \leq \infty$ が $-\pi/T \leq \omega_d \leq \pi/T$ に 1 対 1 に対応する.

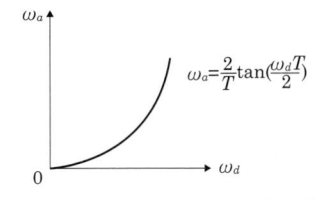

図 6.13 双 1 次 s-z 変換法による周波数ひずみ

ここで，アナログフィルタの設計段階でカットオフ周波数を式 (6.55) に基づいて歪ませれば，希望のディジタル周波数でエッジ周波数の特性を満たすディジタルフィルタを設計できる．これを**プリワーピング**（prewarping）と呼ぶ．

6.8.3 双 1 次変換法の安定性

式 (6.52) に $s = \sigma + j\omega$ を代入すると

$$z = \frac{2 + T\sigma + jT\omega}{2 - T\sigma - jT\omega} \tag{6.56}$$

となる．したがって，

$$|z| = \sqrt{\frac{(2+T\sigma)^2 + (T\omega)^2}{(2-T\sigma)^2 + (T\omega)^2}} \tag{6.57}$$

である．

ここで，$\sigma = \mathrm{Re}(s)$ は s の実部であり，s をアナログフィルタの伝達関数の極とすると，対応するディジタルフィルタの伝達関数の極は z となる．アナログフィルタが BIBO 安定とすれば s の実部は負であり $\sigma < 0$，サンプリング周期は $T > 0$ なので，式 (6.57) は

$$\text{分母} - \text{分子} = \{(2-T\sigma)^2 + (T\omega)^2\} - \{(2+T\sigma)^2 + (T\omega)^2\} = -8T\sigma > 0$$

であり，分母が必ず大きくなる．したがって，$|z|$ は

$$|z| < 1 \tag{6.58}$$

となる．

アナログフィルタが BIBO 安定であれば，双 1 次変換法により求めたディジタルフィルタも BIBO 安定となる．

6.8.4 ディジタルフィルタの設計

アナログフィルタに基づく，ディジタルフィルタの設計手順は，双 1 次 s-z 変換法を利用して，

ステップ1
プリワーピングによりディジタルの周波数 ω_d からアナログの周波数 ω_a へ変換

ステップ2
アナログ周波数 ω_a からアナログフィルタの伝達関数 $H_a(s)$ を構成

ステップ3
アナログフィルタの伝達関数 $H_a(s)$ をディジタルフィルタの伝達関数 $H_d(z)$ へ変換

ステップ4
ディジタルフィルタの伝達関数 $H_d(z)$ を逆 z 変換により差分方程式へ変換

である.

[例題 6.6] 次の仕様を満たすバターワース低域通過型のディジタルフィルタを設計せよ.

$$\text{サンプリング周期：} T_s = 2\,[\text{ms}] \tag{6.59}$$

$$\text{カットオフ周波数：} f_{dc} = 10\,[\text{Hz}] \tag{6.60}$$

$$\text{通過域エッジ周波数：} f_{ds} = 30\,[\text{Hz}] \tag{6.61}$$

$$\text{通過域リプル：} A_{\max} = 3\,[\text{dB}] \tag{6.62}$$

$$\text{阻止域減衰量：} A_{\min} = 10\,[\text{dB}] \tag{6.63}$$

(解) 設計手順を次に示す.

〈ステップ1〉 ディジタル周波数からアナログ周波数へ変換

ディジタルフィルタの満たすべき設計仕様を，アナログフィルタの設計仕様に変換する.

$$\omega_{ap} = \frac{2}{T_s} \tan\left(\pi f_{dc} T_s\right) = 62.91 \tag{6.64}$$

$$\omega_{as} = \frac{2}{T_s} \tan\left(\pi f_{ds} T_s\right) = 190.8 \tag{6.65}$$

〈ステップ2〉 アナログフィルタの設計

n 次のバターワースフィルタの特性より，フィルタの次数とカットオフ周波数を減衰量より求める.

$$\begin{cases} -A_{\max} = 20\log_{10}\dfrac{1}{\sqrt{1+\left(\dfrac{\omega_{ap}}{\omega_{ac}}\right)^{2n}}} \\ -A_{\min} = 20\log_{10}\dfrac{1}{\sqrt{1+\left(\dfrac{\omega_{as}}{\omega_{ac}}\right)^{2n}}} \end{cases} \tag{6.66}$$

$$n = \frac{\log\left(\dfrac{10^{\frac{A_{\min}}{10}}-1}{10^{\frac{A_{\max}}{10}}-1}\right)}{2\log\left(\dfrac{\omega_{as}}{\omega_{ap}}\right)} = 0.9926 \tag{6.67}$$

$$\omega_{ac} = \frac{\omega_{ap}}{\sqrt[2n]{10^{\frac{A_{\max}}{10}}-1}} = 63.07 \tag{6.68}$$

n を切り上げて，次数を $N=1$ とする．再度，カットオフ周波数 ω_{ca} を求めると

$$\omega_{ac} = \frac{\omega_{ap}}{\sqrt[2N]{10^{\frac{A_{\max}}{10}}-1}} = 63.06 \tag{6.69}$$

である．1 次のバターワースフィルタであるから

$$H(s) = \frac{1}{s+1} \tag{6.70}$$

である．ここで，s に s/ω_{ac} を代入して，次のアナログフィルタを得る．

$$H(s) = \frac{63.06}{s+63.06} \tag{6.71}$$

〈ステップ 3〉 ディジタルフィルタへの変換
双 1 次 s-z 変換法により，以下の 1 次のディジタルフィルタを得る．

$$H(z) = \frac{0.05929 + 0.05929z^{-1}}{1 - 0.8804z^{-1}} \tag{6.72}$$

〈ステップ 4〉 ディジタルフィルタを差分方程式へ変換
逆 z 変換により，以下の差分方程式を得る．

$$y(n) = 0.05929x(n) + 0.05929x(n-1) + 0.8804y(n-1) \tag{6.73}$$

ただし，$x(n)$ は n 回目の入力信号，$x(n-1)$ は $n-1$ 回目の入力信号，$y(n)$ は n 回目の出力信号，$y(n-1)$ は $n-1$ 回目の出力信号とする．この式は差分方程式であり，C 言語等により容易にプログラミングすることができる．

〈6 章の問題〉

6.1 2 次バターワースフィルタ

$$H(s) = \frac{1}{s^2 + \sqrt{2}s + 1}$$

を，カットオフ周波数 $10\,[\mathrm{rad/sec}]$ の低域通過フィルタへ変換せよ．

6.2 2次バターワースフィルタを，通過域 $1\sim 10\,[\mathrm{rad/sec}]$ の帯域通過フィルタへ変換せよ．

6.3 2次バターワースフィルタを双1次 s-z 変換せよ．ただし，サンプリング周期は $T\,[\mathrm{sec}]$ とする．

6.4 次の仕様を満たすバターワース低域通過型のディジタルフィルタを設計せよ．

$$\text{サンプリング周期：} T_s = 1\,[\mathrm{ms}]$$
$$\text{カットオフ周波数：} f_{dc} = 5\,[\mathrm{Hz}]$$
$$\text{通過域エッジ周波数：} f_{ds} = 30\,[\mathrm{Hz}]$$
$$\text{通過域リプル：} A_{\max} = 3\,[\mathrm{dB}]$$
$$\text{阻止域減衰量：} A_{\min} = 10\,[\mathrm{dB}]$$

6.5 次の仕様を満たすチェビシェフ低域通過型のディジタルフィルタを設計せよ．

$$\text{サンプリング周期：} T_s = 2\,[\mathrm{ms}]$$
$$\text{カットオフ周波数：} f_{dc} = 1\,[\mathrm{Hz}]$$
$$\text{通過域エッジ周波数：} f_{ds} = 30\,[\mathrm{Hz}]$$
$$\text{通過域リプル：} A_{\max} = 3\,[\mathrm{dB}]$$
$$\text{阻止域減衰量：} A_{\min} = 10\,[\mathrm{dB}]$$

7 サンプリングレート

章の要約

ディジタル信号処理では，複数のサンプリング周波数の信号を処理する場合があり，サンプリング周波数を変更する必要がある．本章では，(a) サンプリング周波数を低下させるダウンサンプリングと (b) サンプリング周波数を上昇させるアップサンプリングについて紹介する．

7.1　サンプリング周波数の変更

図 7.1 を例としてサンプリング周波数の変更を考える．(a) は，ディジタル信号処理システムの入力として，サンプリング周波数 5 [kHz] の信号が必要な場合であり，サンプリング周波数を 10 [kHz] から 5 [kHz] にダウンサンプリングする．一方，(b) はディジタル信号処理システムの入力としてサンプリング周波数 20 [kHz] が必要な場合であり，サンプリング周波数 10 [kHz] から 20 [kHz]

図 7.1　サンプリング周波数の変更

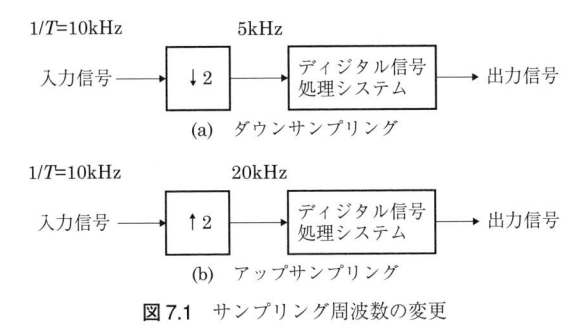

へアップサンプリングする場合を示す．なお，図の「↓ M」は M 倍のダウンサンプリングを，「↑ N」は N 倍のアップサンプリングを示す．

このような複数のサンプリング周波数を有するシステムの設計解析手法を**マルチレート信号処理**と呼ぶ．

7.2　ダウンサンプリング

前節の M を整数とし，サンプリング周期 T を MT へ変更することを**ダウンサンプリング**（down sampling）と呼ぶ．ここで，信号 $x(t)$ をダウンサンプリングした信号を $x_d(n)$ とすると

$$x_d(n) = x(nMT) \tag{7.1}$$

となる．

信号 $x(t)$ のフーリエ変換 $X(\omega)$ と信号 $x(nT)$ の離散時間フーリエ変換 $\tilde{X}(\omega)$ との間には 4.4 節のサンプリング定理より

$$\tilde{X}(\omega) = \frac{1}{T} \sum_{m=-\infty}^{\infty} X\left(\omega + \frac{2m\pi}{T}\right) \tag{7.2}$$

の関係がある．

式 (7.1) の離散時間フーリエ変換は，式 (7.2) の T を MT に置き換えて

$$\tilde{X}_d(\omega) = \frac{1}{MT} \sum_{m=-\infty}^{\infty} X\left(\omega + \frac{2m\pi}{MT}\right) \tag{7.3}$$

となる．

式 (7.3) で，$m = i + kM (0 \leq i \leq M-1, -\infty \leq k \leq \infty)$ とすると

$$\begin{aligned}\tilde{X}_d(\omega) &= \frac{1}{MT} \sum_{i=0}^{M-1} \sum_{k=-\infty}^{\infty} X\left(\omega + \frac{2\pi(i+kM)}{MT}\right) \\ &= \frac{1}{MT} \sum_{i=0}^{M-1} \sum_{k=-\infty}^{\infty} X\left(\left(\omega + \frac{2\pi i}{MT}\right) + \frac{2\pi k}{T}\right)\end{aligned} \tag{7.4}$$

となる．式 (7.2) より，式 (7.4) は

$$\tilde{X}_d(\omega) = \frac{1}{M} \sum_{i=0}^{M-1} \tilde{X}\left(\omega + \frac{2\pi i}{MT}\right)$$

7.2 ダウンサンプリング

図7.2 ダウンサンプリングのフーリエ変換

となる．上式は，$\tilde{X}_d(\omega)$ が $2\pi/MT$ で周期性をもつことを示し，これがダウンサンプリングにより生じたエリアジング成分である．

たとえば，$M = 2$ の場合，

$$\tilde{X}_d(\omega) = \frac{1}{2}\left\{\tilde{X}(\omega) + \tilde{X}\left(\omega + \frac{\pi}{T}\right)\right\}$$

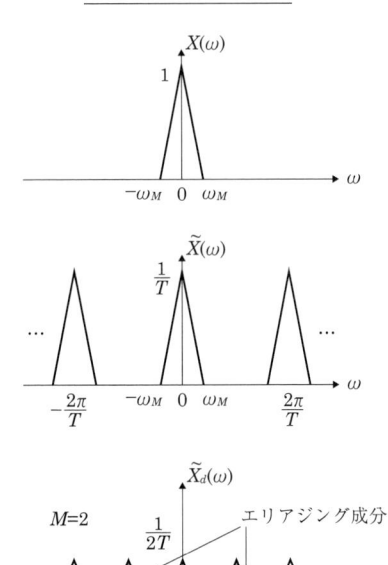

となる．$X(\omega)$, $\tilde{X}(\omega)$, $\tilde{X}_d(\omega)$ の関係を図7.2に示す．ここで，ω_M は $X(\omega)$ の最大角周波数である．

一般的な M 倍のダウンサンプリングにおいて，エリアジングを生じないためには

$$2\omega_M \leq \frac{2\pi}{MT}$$
$$\omega_M \leq \frac{\pi}{MT} \tag{7.5}$$

が必要となる．

[例題 7.1] サンプリング周期 $T = 0.001$ [sec] のシステムを 5 倍でダウンサンプリングするときにエリアジングが生じない最大角周波数を求めよ.

(解) 式 (7.5) より最大角周波数は次のようになる.
$$\omega_M = \frac{\pi}{5 \times 0.001} = 200\pi \text{ [rad/sec]}$$

7.3 アップサンプリング

N を整数とし,サンプリング周期 T を T/N へ変更することを**アップサンプリング**(up sampling)と呼ぶ.ここで,信号 $x(t)$ をダウンサンプリングした信号を $x_u(n)$ とすると

$$x_u(n) = x\left(\frac{nT}{N}\right)$$

となる.この信号 $x_u(n)$ の離散時間フーリエ変換 $\tilde{X}_u(\omega)$ は,式 (7.2) の T を T/N に置き換えて次式を得る.

$$\tilde{X}_u(\omega) = \frac{N}{T} \sum_{m=-\infty}^{\infty} X\left(\omega + \frac{2m\pi N}{T}\right)$$

次に,信号 $x_e(nT)$ を次のように定める.

$$x_e(nT) = \begin{cases} x_u(n) & (n = kN,\ k:整数) \\ 0 & (n \neq kN) \end{cases}$$

信号 $x(nT)$ から $x_e(nT)$ を生成するシステムを**エキスパンダ**(expandar)と呼ぶ.例として,$N=2$ の場合の $x_e(nT)$ を図 7.3 に示す.n が奇数のときに零値が挿入される.

この $x_e(nT)$ の離散時間フーリエ変換を $\tilde{X}_e(\omega)$ とすると,式 (4.25) より

$$\tilde{X}_e(\omega) = \sum_{n=-\infty}^{\infty} x_e(nT)e^{-jn\omega T} = \sum_{k=-\infty}^{\infty} x_u(kN)e^{-j(kN)\omega T}$$
$$= \sum_{k=-\infty}^{\infty} x(kT)e^{-jk(N\omega)T} = \tilde{X}(N\omega)$$
$$= \frac{1}{T} \sum_{m=-\infty}^{\infty} X\left(N\omega + \frac{2m\pi N}{T}\right)$$

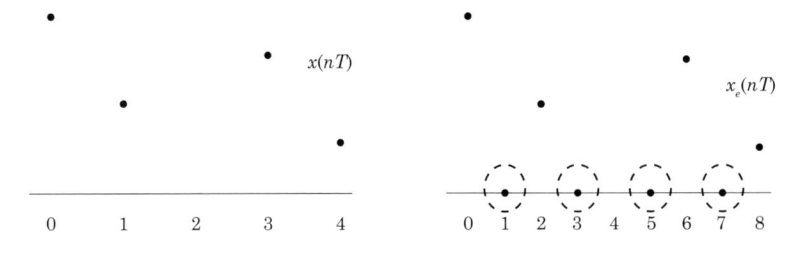

図 7.3　$N=2$ の場合のエキスパンダの出力

となる．上式より $\tilde{X}_e(\omega)$ は $2\pi N/T$ で周期性をもつことを示し，これがアップサンプリングにより生じたイメージング成分である．ただし，$\tilde{X}_e(\omega)$ はスペクトルのゲインが $\tilde{X}_u(\omega)$ と同じ $\dfrac{N}{T}$ にならないことに注意する．

たとえば，$N=2$ の場合，

$$\tilde{X}_e(\omega) = \left\{\tilde{X}(2\omega) + \tilde{X}\left(2\omega + \frac{2\pi}{T}\right)\right\}$$

となる．$X(\omega)$，$\tilde{X}(\omega)$，$\tilde{X}_e(\omega)$ の関係を図 7.4 に示す．ここで，ω_M は $X(\omega)$ の最大角周波数である．

一般的な N 倍のアップサンプリングにおいて，エリアジングを生じないためには

$$\begin{aligned}\frac{2\omega_M}{N} &\leq \frac{2\pi}{NT} \\ \omega_M &\leq \frac{\pi}{T}\end{aligned} \tag{7.6}$$

が必要となる．

[**例題 7.2**]　サンプリング周期 $T=0.001\,[\text{sec}]$ のシステムを 5 倍でアップサンプリングするときにエリアジングが生じない最大角周波数を求めよ．

(**解**)　式 (7.6) より最大角周波数は次のようになる．

$$\omega_M = \frac{\pi}{0.001} = 1000\pi\,[\text{rad/sec}]$$

図 7.4 アップサンプリングのフーリエ変換

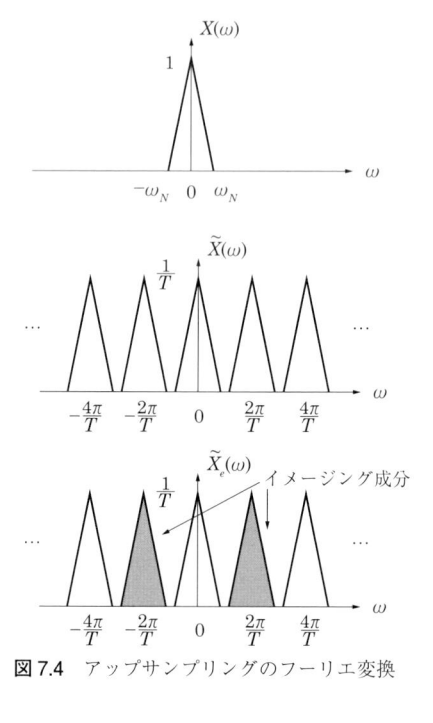

7.4 レート変換

ダウンサンプリングではエリアジング成分，アップサンプリングではイメージング成分が生じる場合があり，サンプリング周波数の変換器としてそのまま用いることはできない．そこで，正確にレート変換するための手法を次に述べる．

7.4.1 デシメータ

ダウンサンプリングにおいてエリアジングを生じないようにするためには，**デシメータ**（desimator）によりダウンサンプリングへの入力信号に帯域制限を行えばよい．そこで，デシメータフィルタの振幅仕様として

$$H_d(\omega) = \begin{cases} 1 & (|\omega| < \omega_s/2M) \\ 0 & (その他の\omega) \end{cases}$$

7.4 レート変換

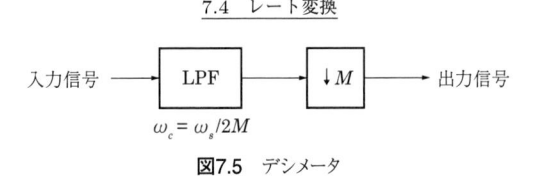

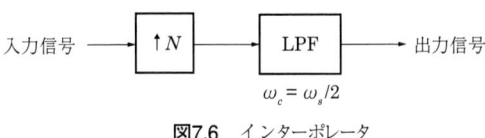

図7.5 デシメータ

図7.6 インターポレータ

を設定する．

図7.5のようにデシメータを配置すれば，ダウンサンプリング後もエリアジングが生じない．ただし，デシメータの出力信号は，元の信号 $x(nT)$ の一部の情報を失っていることに注意が必要である．

7.4.2 インターポレータ

アップサンプリングで生じるイメージングを消去するためには，**インターポレータ**（interpolator）によりエキスパンダの出力信号に周波数スペクトルを帯域制限を行えばよい．そこで，インターポレータフィルタの振幅仕様として

$$H_i(\omega) = \begin{cases} N & (|\omega| < \omega_s/2) \\ 0 & (その他の\omega) \end{cases}$$

を設定する．これにより，エキスパンダーにより $1/T$ に低下したスペクトルのゲインを N/T にできる．

図7.6のようにインターポレータを配置すれば，アップサンプリングによるイメージングが消去できる．

7.4.3 有理数比のレート変換

デシメータおよびインターポレータは整数比のレート変換にしか対応できない．そこで，有理数比 N/M 倍のレート変換の方法を紹介する．

N/M 倍のレート変換を構成するには，図7.7のインターポレータのフィル

入力信号 → ↑N → LPF → LPF → ↓M → 出力信号
インターポレータ $H_i(z)$　デシメータ $H_d(z)$

⇩

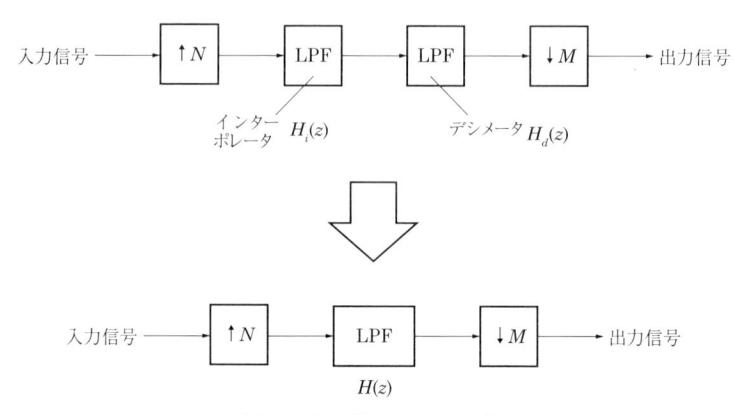

入力信号 → ↑N → LPF → ↓M → 出力信号
$H(z)$

図7.7 有理数比のレート変換

タを $H_i(z)$ とデシメータのフィルタを $H_d(z)$ の順に縦続型構成すればディジタルフィルタを共用化できる．共用化されたフィルタ $H(z)$ のカットオフ周波数は入出力信号の低い方のナイキスト周波数を考慮して決める．なお，N/M を約分して互いに素であれば，ハードウェアの要素は少なくなる．

$N < M$ の場合，出力信号の方が低い周波数になるため，伝達関数 $H(z)$ は

$$H(z) = H_i(z)H_d(z)$$

と設定する．ただし，$H(z)$ の振幅仕様は

$$H(\omega) = \begin{cases} N & \left(|\omega| < \dfrac{N}{2M}\omega_s\right) \\ 0 & (その他の\omega) \end{cases}$$

とする．

$N > M$ の場合，入力信号の方が低い周波数になるため，伝達関数 $H(z)$ は

$$H(z) = H_i(z)$$

と設定する．

7.4.4 マルチステージ構成

デシメータにおいて間引き M が大きな値になるとフィルタに要求されるカッ

7.4 レート変換

図7.8 マルチステージ構成

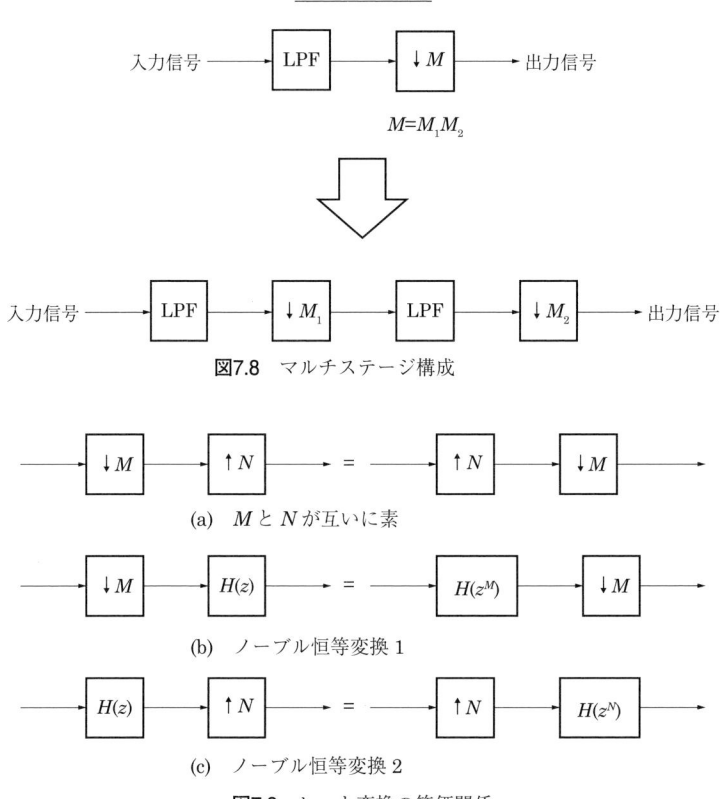

図7.9 レート変換の等価関係

(a) M と N が互いに素

(b) ノーブル恒等変換1

(c) ノーブル恒等変換2

トオフ周波数が極端に低くなる．このため，過渡域の幅を狭くする必要があり，急峻な減衰特性を得るため高次のフィルタが必要なる．しかし，演算量や設計の面から実用的な方法でない．

複数個のデシメータを縦続型構成して実現する方法がある．たとえば，図7.8のように M を $M = M_1 \times M_2$ と分解すれば，それぞれのデシメータのフィルタに要求される振幅仕様が緩和され，フィルタの設計が容易になる．なお，インターポレータの場合も同様にマルチステージ構成が可能である．

このようなマルチレート信号処理システムを構成するには，有用なレート変換の等価関係があり，その例を図7.9に示す．(b) と (c) はノーブル恒等変換と呼ばれ，マルチレート信号処理ではよく利用される．

⟨7章の問題⟩

7.1 サンプリング周期 $T = 0.002$ [sec] のシステムを 10 倍でダウンサンプリングするときにエリアジングが生じない最大角周波数を求めよ．

7.2 サンプリング周期 $T = 0.001$ [sec] のシステムを 2 倍でアップサンプリングするときにエリアジングが生じない最大角周波数を求めよ．

7.3 図 7.7 のシステムを用いてサンプリング周期 1000 [Hz] の信号をサンプリング周期 600 [Hz] にレート変換する．このとき，フィルタに求められる振幅特性を答えよ．

8 システム同定

章の要約

　これまでに入力信号，出力信号の関係からシステムの差分方程式や伝達関数が求められることを示した．しかし，信号は雑音（ノイズ）の影響を受ける．本章では，最小2乗法を用いて入力信号と雑音を含む出力信号からシステムを表す差分方程式をオフラインで推定する手法とオンラインで推定する手法について紹介する．

8.1 システム同定

　これまでに入力信号，出力信号の関係からシステムをインパルス応答を用いて差分方程式や伝達関数が求められることを示した．しかし，信号は雑音（ノイズ）等の影響を受けるため，単純な代数方程式でシステムを推定することは困難である．そこで，システムの入力信号と出力信号の計測を行い，システム内で実際に何が起きているかを計測値間の数学的関係により推定する．この手法を**システム同定**（system identification）と呼ぶ．

8.1.1 線形システムモデル

図8.1に示す線形システムの入出力関係を考える

時刻 n においてシステムの出力信号 $x(n)$ は，入力信号 $u(n)$ の過去の線形結合としてインパルス応答 $h(n)$ を用いて

$$x(n) = \sum_{k=0}^{\infty} h(k)u(n-k)$$

第8章 システム同定

図 8.1 システムのモデル

と表される．

出力信号 $y(n)$ は

$$y(n) = \sum_{k=0}^{\infty} h(k)u(n-k) + v(n)$$

となる．ただし，$v(n)$ は観測雑音や測定誤差を示すランダム変数である．

時刻 n においてシステムの出力 $y(n)$ は，過去の線形結合として

$$y(n) = \sum_{k=0}^{M} a_k x(n-k) - \sum_{k=1}^{N} b_k y(n-k) + r(n) \tag{8.1}$$

の差分方程式でも記述できる．ただし，$r(n)$ は式誤差，残差と呼ばれる．

$$r(n) = \sum_{k=0}^{M} a_k v(n-k) + v(n)$$

ここで，

$$\boldsymbol{x} = [a_0, a_1, \cdots, a_M, b_0, b_1, \cdots, b_N]^T$$

$$\boldsymbol{a}(n) = [x(n), x(n-1), \cdots, x(n-M), -y(n-1), -y(n-2), \cdots, -y(n-N)]^T$$

のような $N+M+1$ 次元ベクトルを定義すると式 (8.1) は

$$y(n) = \boldsymbol{a}(n)^T \boldsymbol{x} + r(n)$$

となる．上式を $L+1$ 個の方程式として

$$y(0) = \boldsymbol{a}(0)^T \boldsymbol{x} + r(0)$$
$$y(1) = \boldsymbol{a}(1)^T \boldsymbol{x} + r(1)$$
$$\vdots$$
$$y(L) = \boldsymbol{a}(L)^T \boldsymbol{x} + r(L)$$

をまとめて

$$\boldsymbol{b}(n) = A\boldsymbol{x} + \boldsymbol{r}$$

とする．ただし，

$$\boldsymbol{b}(n) = \begin{bmatrix} y(0) \\ y(1) \\ \vdots \\ y(L) \end{bmatrix}, \quad A = \begin{bmatrix} \boldsymbol{a}(0)^T \\ \boldsymbol{a}(1)^T \\ \vdots \\ \boldsymbol{a}(L)^T \end{bmatrix}, \quad \boldsymbol{r} = \begin{bmatrix} r(0) \\ r(1) \\ \vdots \\ r(L) \end{bmatrix}$$

とする．行列 A の成分を詳細に示すと

$$A = \begin{bmatrix} x(0) & x(-1) & \cdots & x(-N) & -y(-1) & -y(-2) & \cdots & -y(-M) \\ x(1) & x(0) & \cdots & x(1-N) & -y(0) & -y(-1) & \cdots & y(1-M) \\ \vdots & & & & & & & \\ x(L) & x(L-1) & \cdots & x(L-N) & -y(L-1) & -y(L-2) & \cdots & -y(L-M) \end{bmatrix}$$

となる．つまり，行列 A の左半分に入力信号 $x(n)$，右半分に出力信号 $y(n)$ が配置される．また，

$$L \gg M + N$$

とする．

8.2 最小2乗法

入力信号 $x(n)$ と出力信号 $y(n)$ が計測されたとして未知パラメータを推定する．このとき最小2乗法によるパラメータ推定とは，式誤差の2乗和の最小化であり，評価関数

$$J = \sum_{k=0}^{L} r(k)^2 = (\boldsymbol{b} - A\boldsymbol{x})^T (\boldsymbol{b} - A\boldsymbol{x}) \tag{8.2}$$

を最小にする $\boldsymbol{x}$ を求めることと等価である．

評価関数 J を最小にする必要条件は

$$\frac{\partial J}{\partial \bm{x}} = -2A^T\bm{b} + 2A^T A\bm{x} = 0$$

である．ここで，

$$A^T A\bm{x} = A^T \bm{b}$$

は最小2乗法における正規方程式という．

もし，$A^T A$ が正則であれば，$\bm{x}$ の推定値 $\hat{\bm{x}}$ は

$$\hat{\bm{x}} = (A^T A)^{-1} A^T \bm{b} \tag{8.3}$$

となる．評価関数 J は

$$J = (\bm{x} - (A^T A)^{-1} A^T \bm{b})^T A^T A (\bm{x} - (A^T A)^{-1} A^T \bm{b}) + \bm{b}^T \bm{b} - \bm{b}^T A (A^T A)^{-1} A^T \bm{b}$$

と変形できる．つまり，式 (8.3) により J は最小化できる．その最小値は

$$J_{\min} = \bm{b}^T \bm{b} - \hat{\bm{x}}^T A^T A \hat{\bm{x}}$$

である．

また，評価関数は

$$J = \sum_{k=0}^{L}(y(k) - \bm{a}(k)^T \bm{x})^2$$

と表すことができる．同様の手順により

$$\hat{\bm{x}} = \left(\sum_{k=0}^{L} \bm{a}(k)\bm{a}(k)^T\right)^{-1} \sum_{k=0}^{L} \bm{a}(k)y(k) \tag{8.4}$$

を得る．

印加されるノイズが**白色雑音**（white noise）でなければ，最小2乗法により推定されたパラメータは真値に収束せずに偏り（バイアス）が生じる．ここで，白色雑音とは不規則に上下に振動する波を示し，そのフーリエ変換によるパワースペクトルは，すべての周波数域で同じ強度となる．

[**例題 8.1**] ある線形システムに信号 $x(n)$ を入力するとノイズを含んだ信号 $y(n)$ が次のように出力される.

n	0	1	2	3	4	5	6	7	8	9
$x(n)$	1.0	-2.0	5.0	0.0	3.0	-4.0	-7.0	2.0	-1.0	8.0
$y(n)$	12.2	-24.0	59.7	0.0	36.1	-47.5	-84.2	23.7	-11.5	95.9

このときのシステムを最小 2 乗法により推定せよ. ただし, システムのモデルは
$$y(n) = ax(n)$$
とする.

(**解**) このシステムにおける評価関数は
$$J = \sum_{k=0}^{9} (y(k) - ax(k))^2$$
となる. この評価関数を最小にする推定値は
$$\hat{a} = \left(\sum_{k=0}^{9} x(k)x(k) \right)^{-1} \sum_{k=0}^{9} x(k)y(k) = (173.0)^{-1} \times 2072.5 \simeq 12.0$$
である.

8.3 重み付き最小 2 乗法

式 (8.2) の評価関数を拡張して
$$J = (\boldsymbol{b} - A\boldsymbol{x})^T W (\boldsymbol{b} - A\boldsymbol{x}) \tag{8.5}$$
とする. ただし, W は正定な重み行列とする. 上式を最小化する重み付き最小 2 乗推定は同様の手順により
$$\hat{\boldsymbol{x}} = (A^T W A)^{-1} A^T W \boldsymbol{b}$$
となる. この式において $W = I$ (単位行列) とすれば, 式 (8.3) と等しい. また, 重み行列 W が対角行列

$$W = \begin{bmatrix} w_1 & & & 0 \\ & w_2 & & \\ & & \ddots & \\ 0 & & & w_L \end{bmatrix}$$

であれば，式 (8.5) は

$$J = \sum_{k=0}^{L} w_k (y(k) - \boldsymbol{a}(k)^T \boldsymbol{x})^2$$

となり，推定値は

$$\hat{\boldsymbol{x}} = \left(\sum_{k=0}^{L} w_k \boldsymbol{a}(k) \boldsymbol{a}(k)^T \right)^{-1} \sum_{k=0}^{L} w_k \boldsymbol{a}(k) y(k)$$

となる．

[**例題 8.2**] 例題 8.1 のシステムを次の対角行列 W を重み行列としてシステムを重み付き最小 2 乗法により推定せよ．

$$W = \mathrm{diag}\{10, 9, 8, 7, 6, 5, 4, 3, 2, 1\}$$

ただし，diag は行列の対角要素を示す．

(**解**) このシステムにおける評価関数は

$$J = \sum_{k=0}^{9} w_k (y(k) - ax(k))^2$$

となる．この評価関数を最小にする推定値は

$$\hat{a} = \left(\sum_{k=0}^{9} w_k x(k) x(k) \right)^{-1} \sum_{k=0}^{9} w_k x(k) y(k) = (654.0)^{-1} \times 7831.8 \simeq 12.0$$

である．

8.4 指数重み付き最小 2 乗法

重み付き最小 2 乗法において，重み行列 W を特別な場合として

$$W = \begin{bmatrix} w^{L-1} & & & 0 \\ & w^{L-2} & & \\ & & \ddots & \\ 0 & & & 1 \end{bmatrix}$$

と設定する．ただし，

$$0 < w \leq 1$$

とする．このとき評価関数は

$$J = \sum_{k=0}^{L} w^{L-k}(y(k) - \boldsymbol{a}(k)^T \boldsymbol{x})^2$$

となる．この重み係数 w は，過去の情報ほど推定値への影響が小さくなる．このため忘却係数と呼ばれる．最小2乗法による推定値は

$$\hat{\boldsymbol{x}} = \left(\sum_{k=0}^{L} w^{L-k}\boldsymbol{a}(k)\boldsymbol{a}(k)^T\right)^{-1} \sum_{k=0}^{L} w^{L-k}\boldsymbol{a}(k)y(k)$$

となる．

[**例題 8.3**] 例題 8.1 のシステムを次の対角行列 W を重み行列としてシステムを指数重み付き最小2乗法により推定せよ．

$$W = \mathrm{diag}\{0.9^9, 0.9^8, 0.9^7, 0.9^6, 0.9^5, 0.9^4, 0.9^3, 0.9^2, 0.9^1, 0.9^0\}$$

(**解**) このシステムにおける評価関数は

$$J = \sum_{k=0}^{9} 0.9^{9-k}(y(k) - ax(k))^2$$

となる．この評価関数を最小にする推定値は

$$\hat{a} = \left(\sum_{k=0}^{9} 0.9^{9-k}x(k)x(k)\right)^{-1} \sum_{k=0}^{9} 0.9^{9-k}x(k)y(k)$$
$$\simeq (133.7)^{-1} \times 1602.4 \simeq 12.0$$

である．

8.5 逐次最小2乗法

前節では最小2乗法の正規方程式から推定値を求めた．推定値の計算のために入出力信号のデータを貯めておき，連立方程式を解いている（逆行列を計算）．この方法は繰り返しを必要としないため，オフライン法と呼ばれている．しかし，新しいデータが追加されるとすべてを再計算する必要がある．

ここで，L 個のデータから得られる推定値を $\hat{\boldsymbol{x}}_L$ とする．本節では，$\hat{\boldsymbol{x}}_L$ を1つ前までのデータで推定した $\hat{\boldsymbol{x}}_{L-1}$ を用いて表示することを考える．新しいデータが得られるたびに，直前の推定値 $\hat{\boldsymbol{x}}_{L-1}$ を修正する方式（逐次計算）が実現できればオンライン推定や実時間推定への適用が可能となる．

8.5.1 逐次最小 2 乗法の導出

最小 2 乗法による推定は，式 (8.4) より

$$\hat{\boldsymbol{x}}_L = \left(\sum_{k=0}^{L} \boldsymbol{a}(k)\boldsymbol{a}(k)^T\right)^{-1} \sum_{k=0}^{L} \boldsymbol{a}(k)y(k) \tag{8.6}$$

である．この式を逐次計算による式へ変形する．ここで，

$$C_L = \left(\sum_{k=0}^{L} \boldsymbol{a}(k)\boldsymbol{a}(k)^T\right)^{-1}$$

とする．上式の逆行列を考えると

$$\begin{aligned} C_L^{-1} &= \left(\sum_{k=0}^{L} \boldsymbol{a}(k)\boldsymbol{a}(k)^T\right) \\ &= \sum_{k=0}^{L-1} \boldsymbol{a}(k)\boldsymbol{a}(k)^T + \boldsymbol{a}(L)\boldsymbol{a}(L)^T = C_{L-1}^{-1} + \boldsymbol{a}(L)\boldsymbol{a}(L)^T \end{aligned}$$

となる．このとき，式 (8.6) は

$$\hat{\boldsymbol{x}}_L = C_L \sum_{k=0}^{L} \boldsymbol{a}(k)y(k) = C_L \left(\sum_{k=0}^{L-1} \boldsymbol{a}(k)y(k) + \boldsymbol{a}(L)y(L)\right) \tag{8.7}$$

となる．ここで，直前の推定値は

$$\hat{\boldsymbol{x}}_{L-1} = \left(\sum_{k=0}^{L-1} \boldsymbol{a}(k)\boldsymbol{a}(k)^T\right)^{-1} \sum_{k=0}^{L-1} \boldsymbol{a}(k)y(k) = C_{L-1} \sum_{k=0}^{L-1} \boldsymbol{a}(k)y(k)$$

となり，

$$\sum_{k=0}^{L-1} \boldsymbol{a}(k)y(k) = C_{L-1}^{-1} \hat{\boldsymbol{x}}_{L-1}$$

である．式 (8.7) は

$$\begin{aligned} \hat{\boldsymbol{x}}_L &= C_L \left(C_{L-1}^{-1} \hat{\boldsymbol{x}}_{L-1} + \boldsymbol{a}(L)y(L)\right) \\ &= C_L \left(\left(C_L^{-1} - \boldsymbol{a}(L)\boldsymbol{a}(L)^T\right) \hat{\boldsymbol{x}}_{L-1} + \boldsymbol{a}(L)y(L)\right) \\ &= C_L C_L^{-1} \hat{\boldsymbol{x}}_{L-1} - C_L \boldsymbol{a}(L)\boldsymbol{a}(L)^T \hat{\boldsymbol{x}}_{L-1} + C_L \boldsymbol{a}(L)y(L) \\ &= \hat{\boldsymbol{x}}_{L-1} + C_L \boldsymbol{a}(L) \left(y(L) - \boldsymbol{a}(L)^T \hat{\boldsymbol{x}}_{L-1}\right) \end{aligned}$$

8.5 逐次最小2乗法

の漸化式となる．したがって，逐次計算では

$$\hat{\boldsymbol{x}}_L = \hat{\boldsymbol{x}}_{L-1} + C_L \boldsymbol{a}(L) \left(y(L) - \boldsymbol{a}(L)^T \hat{\boldsymbol{x}}_{L-1} \right) \tag{8.8}$$

$$C_L^{-1} = C_{L-1}^{-1} + \boldsymbol{a}(L)\boldsymbol{a}(L)^T \tag{8.9}$$

を随時計算することになる．

しかし，上式には逆行列の計算を含んでおり計算が複雑になるため，逆行列の計算でよく知られている

$$(A+BC)^{-1} = A^{-1} - A^{-1}B(I + CA^{-1}B)^{-1}CA^{-1}$$

の関係を用いて，式を簡単化する．ただし，I は単位行列とする．式 (8.9) は

$$C_L = C_{L-1} - C_{L-1}\boldsymbol{a}(L) \left(1 + \boldsymbol{a}(L)^T C_{L-1} \boldsymbol{a}(L)\right)^{-1} \boldsymbol{a}(L)^T C_{L-1} \tag{8.10}$$

となり，式 (8.8)，(8.9) は

$$\hat{\boldsymbol{x}}_L = \hat{\boldsymbol{x}}_{L-1} + C_L \boldsymbol{a}(L) \left(y(L) - \boldsymbol{a}(L)^T \hat{\boldsymbol{x}}_{L-1} \right) \tag{8.11}$$

$$C_L = C_{L-1} - \frac{C_{L-1}\boldsymbol{a}(L)\boldsymbol{a}(L)^T C_{L-1}}{1 + \boldsymbol{a}(L)^T C_{L-1} \boldsymbol{a}(L)} \tag{8.12}$$

と等価である．

また，式 (8.9) より

$$C_L C_L^{-1} C_{L-1} = C_L \left(C_{L-1}^{-1} + \boldsymbol{a}(L)\boldsymbol{a}(L)^T \right) C_{L-1}$$

$$C_{L-1} = C_L + C_L \boldsymbol{a}(L)\boldsymbol{a}(L)^T C_{L-1}$$

である．上式に右より $\boldsymbol{a}(L)$ を掛けると

$$C_{L-1}\boldsymbol{a}(L) = C_L \boldsymbol{a}(L) + C_L \boldsymbol{a}(L)\boldsymbol{a}(L)^T C_{L-1}\boldsymbol{a}(L)$$

$$= C_L \boldsymbol{a}(L) \left(1 + \boldsymbol{a}(L)^T C_{L-1}\boldsymbol{a}(L)\right)$$

$$C_L \boldsymbol{a}(L) = \frac{C_{L-1}\boldsymbol{a}(L)}{1 + \boldsymbol{a}(L)^T C_{L-1}\boldsymbol{a}(L)}$$

となる．したがって，式 (8.11)，(8.12) は

$$\hat{\boldsymbol{x}}_L = \hat{\boldsymbol{x}}_{L-1} + \frac{C_{L-1}\boldsymbol{a}(L)}{1 + \boldsymbol{a}(L)^T C_{L-1}\boldsymbol{a}(L)} \left(y(L) - \boldsymbol{a}(L)^T \hat{\boldsymbol{x}}_{L-1} \right)$$

$$C_L = C_{L-1} - \frac{C_{L-1}\boldsymbol{a}(L)\boldsymbol{a}(L)^T C_{L-1}}{1 + \boldsymbol{a}(L)^T C_{L-1}\boldsymbol{a}(L)}$$

とも表される．これが，逐次計算のアルゴリズムとなり，逆行列の計算を必要としない．

この逐次計算を実行するためには，初期値として $\hat{\boldsymbol{x}}_0$ と C_0 が必要となる．これらの初期値は最も単純に

$$\hat{\boldsymbol{x}}_0 = 任意\ （0でも可）$$
$$C_0 = \alpha I\ （\alpha は十分に大きな正数，通常は 10^4 \sim 10^5 程度）$$

と選べばよい．もちろん，$\hat{\boldsymbol{x}}_0$ に確からしい推定値が別途あれば，それを使用してもよい．

式 (8.9) より

$$\begin{aligned}
C_L^{-1} &= C_{L-1}^{-1} + \boldsymbol{a}(L)\boldsymbol{a}(L)^T \\
&= C_{L-2}^{-1} + \boldsymbol{a}(L-1)\boldsymbol{a}(L-1)^T + \boldsymbol{a}(L)\boldsymbol{a}(L)^T \\
&\vdots \\
&= C_{L-L}^{-1} + \boldsymbol{a}(L-(L-1))\boldsymbol{a}(L-(L-1))^T + \cdots + \boldsymbol{a}(L)\boldsymbol{a}(L)^T \\
&= C_0^{-1} + \sum_{k=1}^{L} \boldsymbol{a}(k)\boldsymbol{a}(k)^T
\end{aligned}$$

となる．また，式 (8.8) より

$$\begin{aligned}
\hat{\boldsymbol{x}}_L &= C_L \left(C_{L-1}^{-1} \hat{\boldsymbol{x}}_{L-1} + \boldsymbol{a}(L)y(L) \right) \\
&= C_L \left(C_{L-1}^{-1} C_{L-1} C_{L-2}^{-1} \hat{\boldsymbol{x}}_{L-2} + \boldsymbol{a}(L-1)y(L-1) \right) + \boldsymbol{a}(L)y(L)) \\
&\vdots \\
&= C_L \left(C_0^{-1} \hat{\boldsymbol{x}}_0 + \sum_{k=1}^{L} \boldsymbol{a}(k)y(k) \right) \\
&= \left(C_0^{-1} + \sum_{k=1}^{L} \boldsymbol{a}(k)\boldsymbol{a}(k)^T \right)^{-1} \left(C_0^{-1} \hat{\boldsymbol{x}}_0 + \sum_{k=1}^{L} \boldsymbol{a}(k)y(k) \right) \\
&= \left(\frac{1}{\alpha} I + \sum_{k=1}^{L} \boldsymbol{a}(k)\boldsymbol{a}(k)^T \right)^{-1} \left(\frac{1}{\alpha} \hat{\boldsymbol{x}}_0 + \sum_{k=1}^{L} \boldsymbol{a}(k)y(k) \right)
\end{aligned}$$

である．ここで $\alpha \to \infty$ とすると

$$\hat{\bm{x}}_L = \left(\sum_{k=1}^{L} \bm{a}(k)\bm{a}(k)^T\right)^{-1} \sum_{k=1}^{L} \bm{a}(k)y(k)$$

となり，推定値 $\hat{\bm{x}}_L$ は式 (8.4) と一致する．

[**例題 8.4**] 例題 8.1 のシステムを $\hat{a}_0 = 0$, $C_0 = 10^4$ としてシステムを逐次最小 2 乗法により推定せよ．

(**解**) 逐次最小 2 乗法による推定値は

$$\hat{a}_L = \hat{a}_{L-1} + \frac{C_{L-1}x(L)}{1+x(L)C_{L-1}x(L)}\left(y(L)-x(L)\hat{a}_{L-1}\right)$$

$$C_L = C_{L-1} - \frac{C_{L-1}x(L)x(L)C_{L-1}}{1+x(L)C_{L-1}x(L)}$$

である．$L=1,\cdots,10$ の推定値 $\hat{a}_L$ は

12.2, 12.0, 12.0, 12.0, 12.0, 11.9, 12.0, 12.0, 12.0, 12.0

となる．

8.5.2 重み付き逐次最小 2 乗法

重み付き最小 2 乗法は

$$\hat{\bm{x}}_L = \left(\sum_{k=0}^{L} w_k \bm{a}(k)\bm{a}(k)^T\right)^{-1} \sum_{k=0}^{L} w_k \bm{a}(k)y(k)$$

で与えられる．前項と同様の手順により逐次計算アルゴリズム

$$\hat{\bm{x}}_L = \hat{\bm{x}}_{L-1} + \frac{C_{L-1}\bm{a}(L)}{\frac{1}{w_L}+\bm{a}(L)^T C_{L-1}\bm{a}(L)}\left(y(L)-\bm{a}(L)^T\hat{\bm{x}}_{L-1}\right)$$

$$C_L = C_{L-1} - \frac{C_{L-1}\bm{a}(L)\bm{a}(L)^T C_{L-1}}{\frac{1}{w_L}+\bm{a}(L)^T C_{L-1}\bm{a}(L)}$$

を得る．

[**例題 8.5**] 例題 8.1 のシステムを例題 8.2 の重みと $\hat{a}_0 = 0$, $C_0 = 10^4$ を用いて重み付き逐次最小 2 乗法により推定せよ．

(**解**) 重み付き逐次最小 2 乗法による推定値は

$$\hat{a}_L = \hat{a}_{L-1} + \frac{C_{L-1}x(L)}{\frac{1}{w_L} + x(L)C_{L-1}x(L)} \left(y(L) - x(L)\hat{a}_{L-1} \right)$$

$$C_L = C_{L-1} - \frac{C_{L-1}x(L)x(L)C_{L-1}}{\frac{1}{w_L} + x(L)C_{L-1}x(L)}$$

である．$L = 1, \cdots, 10$ の推定値 $\hat{a}_L$ は

12.2, 12.0, 12.0, 12.0, 12.0, 12.0, 12.0, 12.0, 12.0, 12.0

となる．

8.5.3　指数重み付き逐次最小 2 乗法

指数重み付き最小 2 乗法は

$$C_L^{-1} = \sum_{k=0}^{L} w^{L-k} \boldsymbol{a}(k)\boldsymbol{a}(k)^T$$

と定義すれば，同様の手順により逐次計算アルゴリズム

$$\hat{\boldsymbol{x}}_L = \hat{\boldsymbol{x}}_{L-1} + \frac{C_{L-1}\boldsymbol{a}(L)}{w + \boldsymbol{a}(L)^T C_{L-1}\boldsymbol{a}(L)} \left(y(L) - \boldsymbol{a}(L)^T \hat{\boldsymbol{x}}_{L-1} \right)$$

$$C_L = \frac{1}{w}\left(C_{L-1} - \frac{C_{L-1}\boldsymbol{a}(L)\boldsymbol{a}(L)^T C_{L-1}}{w + \boldsymbol{a}(L)^T C_{L-1}\boldsymbol{a}(L)} \right)$$

を得る．ただし，w は 1 に十分に近い値を取らなければならないが，w の最適値を求める一般的な方法はない．

時間経過とともに $w \to 1$ となるように

$$w_L = (1 - \mu)w_{L-1} + \mu$$

を用いて指数的に 1 に近づける方法がよく用いられる．ただし，μ は 1 より十分に小さく，たとえば 10^{-3} 程度が選ばれる．

[**例題 8.6**] 例題 8.1 のシステムを例題 8.3 の重みと $\hat{a}_0 = 0$, $C_0 = 10^4$ を用いて重み付き逐次最小 2 乗法により推定せよ．

(**解**) 指数重み付き逐次最小 2 乗法による推定値は

$$\hat{a}_L = \hat{a}_{L-1} + \frac{C_{L-1}x(L)}{0.9 + x(L)C_{L-1}x(L)} \left(y(L) - x(L)\hat{a}_{L-1} \right)$$

$$C_L = \frac{1}{0.9}\left(C_{L-1} - \frac{C_{L-1}x(L)x(L)C_{L-1}}{0.9 + x(L)^T C_{L-1}x(L)} \right)$$

である．$L=1,\cdots,10$ の推定値 $\hat{a}_L$ は

$$12.2, 12.0, 12.0, 12.0, 12.0, 11.9, 12.0, 12.0, 12.0, 12.0$$

となる．

〈8 章の問題〉

8.1 ある線形システムに信号 $x(n)$ を入力するとノイズを含んだ信号 $y(n)$ が次のように出力される．

n	0	1	2	3	4	5	6	7	8	9
$x(n)$	5	-4	6	2	-7	-3	1	0	9	-8
$y(n)$	508	-408	600	196	-694	-302	90	4	890	-804

このときのシステムを最小2乗法により推定せよ．ただし，システムのモデルは

$$y(n) = ax(n)$$

とする．

8.2 問題 8.1 のシステムを次の対角行列 W を重み行列としてシステムを重み付き最小2乗法により推定せよ．

$$W = \mathrm{diag}\{10, 9, 8, 7, 6, 5, 4, 3, 2, 1\}$$

8.3 問題 8.1 のシステムを次の対角行列 W を重み行列としてシステムを指数重み付き最小2乗法により推定せよ．

$$W = \mathrm{diag}\{0.8^9, 0.8^8, 0.8^7, 0.8^6, 0.8^5, 0.8^4, 0.8^3, 0.8^2, 0.8^1, 0.8^0\}$$

演習問題略解

1.1 振幅 100,角周波数 10π,周期 0.2,初期位相 $\dfrac{\pi}{4}$.

1.2 携帯電話,ディジタルテレビ,ディジタルカメラなど.

1.3 A/D 変換:フラッシュ型 (並列比較形),サブレンジング型,逐次比較型,デルタΣ 型,二重積分型など.
D/A 変換:抵抗ラダー型,抵抗ストリング型,電流出力型,デルタシグマ型など.

1.4 0.0196 [V]

2.1
1. $x(n) = \delta(n) + 2\delta(n-1)$
2. $x(n) = -\delta(n+2) + 2\delta(n-1)$
3. $x(n) = 2\delta(n+2) - \delta(n+1) + \delta(n-1) - 2\delta(n-2)$

2.2 信号を図 1 に示す.

2.3
1. $y(n) = \delta(n) + 3\delta(n-1) + 2\delta(n-2)$
2. $x(n) = u(n) + 3u(n-1) + 2u(n-2)$
3. 図 2 に示す.

2.4
1. $y(n) = 3x(n) - 2x(n-1) - x(n-2) + \dfrac{1}{5}y(n-1)$
2. $n = 0, 1, 2, 3, 4, 5$ のインパルス応答は $3, -\dfrac{7}{5}, -\dfrac{32}{25}, -\dfrac{32}{125}, -\dfrac{32}{625}, -\dfrac{32}{3125}$
3. フィードバック項の係数が $\dfrac{1}{5}$ と絶対値が 1 より小さく安定.

3.1
1. $X(z) = 2z^3 + 3z - z^{-2}$
2. $X(z) = -z^2 - z - 1$
3. $X(z) = \dfrac{(\sin\omega)z^{-1}}{1 - 2(\cos\omega)z^{-1} + z^{-2}}$

3.2
1. $x(n) = 3\delta(n+3) - 2\delta(n+1) + \delta(n) - 5\delta(n-1)$

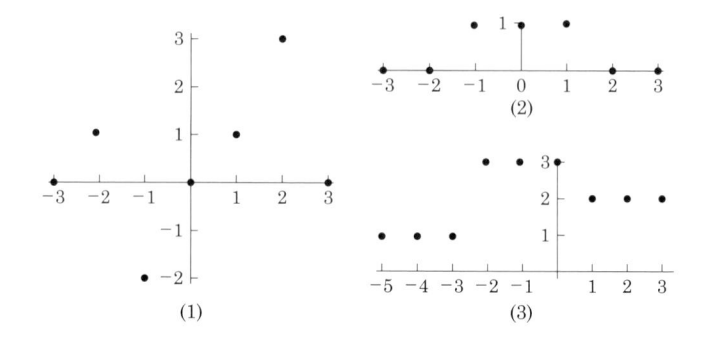

図 1　問題 2.2 の信号

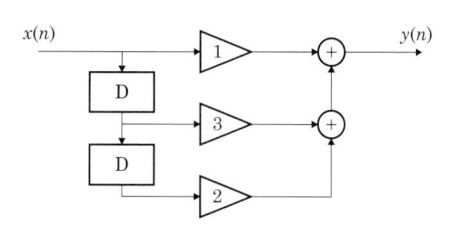

図 2　問題 2.3(3) のシステム

  2. $x(n) = (-0.8)^n u(n)$

  3. $x(n) = \dfrac{1}{4}\left(1 + 3(-3)^n\right) u(n)$

3.3 1. $H(z) = -2 - z^{-1} + \dfrac{1}{3} z^{-2}$

  2. $H(z) = \dfrac{1 + 2z^{-1}}{1 + z^{-1}}$

  3. $H(z) = \dfrac{3 + z^{-2}}{1 - 2z^{-3}}$

3.4 図 3 に示す.

3.5 1. $A(\omega) = \sqrt{2(3 - 3\cos(\omega) + 2\cos(2\omega))},\ \theta(\omega) = \tan^{-1}\left(\dfrac{\sin(\omega) - 2\sin(2\omega)}{1 - \cos(\omega) + 2\cos(2\omega)}\right)$

  2. $A(\omega) = \sqrt{2\dfrac{5 - 3\cos(\omega)}{5 + 4\cos(\omega)}},\ \theta(\omega) = \tan^{-1}\left(-\dfrac{5\sin(\omega)}{5 + \cos(\omega)}\right)$

演習問題略解
171

(1)

(2)

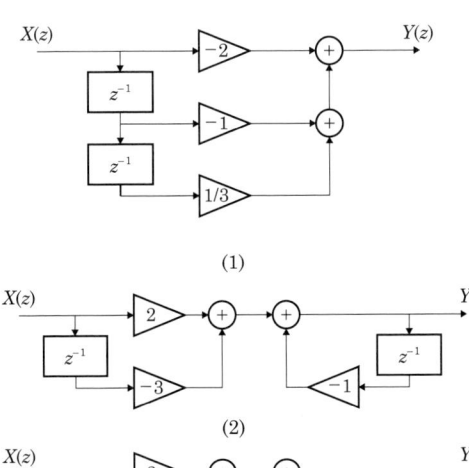

(3)

図 3　問題 3.4

4.1 $x(t) = e^{j\frac{\pi}{2}} e^{-j2\Omega_0 t} + \frac{1}{2} e^{j\frac{\pi}{2}} e^{-j\Omega_0 t} + \frac{1}{2} e^{-j\frac{\pi}{2}} e^{j\Omega_0 t} + e^{-j\frac{\pi}{2}} e^{j2\Omega_0 t}$

4.2 $\hat{C}_0 = 0, \quad \hat{C}_1 = \frac{1}{2} e^{-j\frac{\pi}{2}}, \quad \hat{C}_2 = 0, \quad \hat{C}_3 = \frac{1}{2} e^{j\frac{\pi}{2}}$

4.3 $X_4(0) = 0, \quad X_4(1) = 2e^{-j\frac{\pi}{2}}, \quad X_4(2) = 0, \quad X_4(3) = 2e^{j\frac{\pi}{2}}$

4.4 $x(t) = 1 + \cos\left(\Omega_0 t + \frac{\pi}{4}\right) + \cos\left(2\Omega_0 t - \frac{\pi}{2}\right)$

4.5　1.　$X(\Omega) = \dfrac{1}{a + j\Omega}$

　　　2.　$X(\Omega) = \dfrac{2a}{a^2 + \Omega^2}$

5.1　$X(k) = x(0)W_8^0 + x(1)W_8^k + x(2)W_8^{2k} + x(3)W_8^{3k} + x(4)W_8^{4k} + x(5)W_8^{5k} + x(6)W_8^{6k} + x(7)W_8^{7k}$

5.2　図 4 に示す.

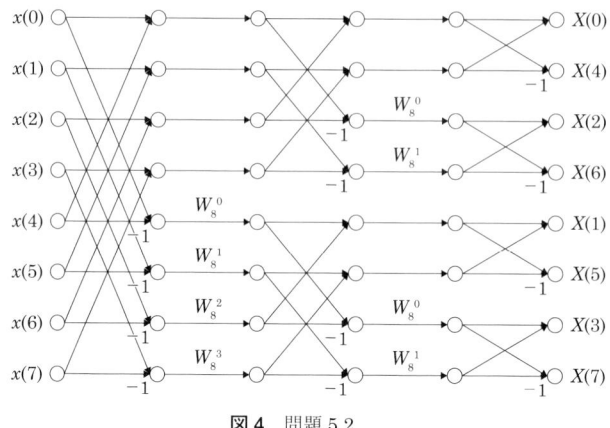

図4 問題 5.2

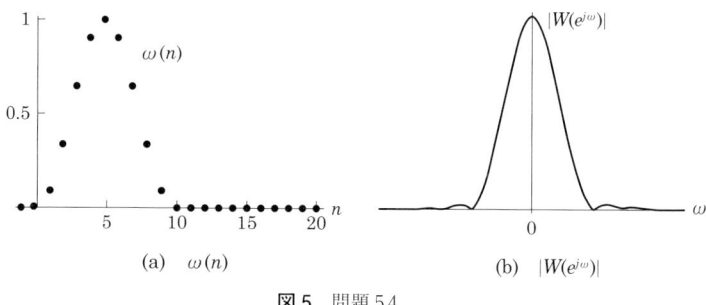

図5 問題 5.4 (a) $\omega(n)$ (b) $|W(e^{j\omega})|$

5.3 複素乗算 8 回, 複素加算 7 回.

5.4 図 5 に示す.

5.5 図 6 に示す.

6.1 $H(s) = \dfrac{100}{s^2 + 10\sqrt{2}s + 100}$

6.2 $H(s) = \dfrac{81s^2}{s^4 + 9\sqrt{2}s^3 + 101s^2 + 90\sqrt{2}s + 100}$

演習問題略解

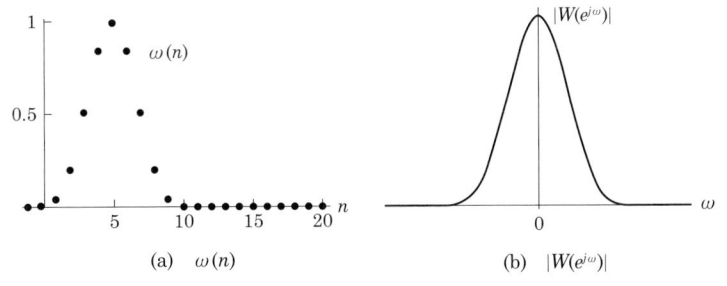

図6 問題 5.5

(a) $\omega(n)$

(b) $|W(e^{j\omega})|$

6.3 $H(z) = \dfrac{\dfrac{T^2}{T^2+2\sqrt{2}T+4} + \dfrac{2T^2}{T^2+2\sqrt{2}T+4}z^{-1} + \dfrac{T^2}{T^2+2\sqrt{2}T+4}z^{-2}}{1 + \dfrac{2T^2-8}{T^2+2\sqrt{2}T+4}z^{-1} + \dfrac{T^2-2\sqrt{2}T+4}{T^2+2\sqrt{2}T+4}z^{-2}}$

6.4 $y(n) = 0.0155x(n) + 0.0155x(n-1) + 0.9691y(n-1)$

6.5 $y(n) = 0.0063x(n) + 0.0063x(n-1) + 0.9875y(n-1)$

7.1 $\omega_M = 50\pi \,[\text{rad/sec}]$

7.2 $\omega_M = 1000\pi \,[\text{rad/sec}]$

7.3 $H(\omega) = \begin{cases} 3 & (|\omega| < 600\pi \,[\text{rad/sec}]) \\ 0 & (その他の\omega) \end{cases}$

8.1 $\hat{a} = 99.9$

8.2 $\hat{a} = 100.2$

8.3 $\hat{a} = 99.7$

参考文献

本書を執筆するに当たって以下の図書を参考にしました．これらの図書の関係各位に御礼申し上げます．

[1] 美多 勉：ディジタル制御理論，昭晃堂 (1984)
[2] 美多 勉：基礎ディジタル制御，コロナ社 (1987)
[3] 貴家 仁志：ディジタル信号処理，昭晃堂 (1997)
[4] 小林 伸明：基礎制御工学，共立出版 (1988)
[5] 中溝 高好：信号解析とシステム同定，コロナ社 (1988)
[6] 萩原 朋道：ディジタル制御入門，コロナ社 (1999)
[7] 船木 陸議, 羅 正華：LINUX リアルタイム計測・制御開発ガイドブック，秀和システム (1999)
[8] 大川 善邦：Windows2000 による計測・制御プログラミングのノウハウ，日刊工業新聞社 (2000)
[9] 樋口 龍雄, 川又 政征：ディジタル信号処理—MATLAB 対応，昭晃堂 (2000)
[10] 尾知 博：シミュレーションで学ぶディジタル信号処理—MATLAB による例題を使って身につける基礎から応用，CQ 出版 (2001)
[11] 萩原 将文：ディジタル信号処理，森北出版 (2001)
[12] 牧川 方昭：信号処理論，コロナ社 (2008)
[13] 岩田 彰：ディジタルシグナルプロセッシング，コロナ社 (2008)
[14] 府川 和彦：ディジタル信号処理，培風館 (2009)
[15] 森 泰親：演習で学ぶディジタル制御，森北出版 (2012)
[16] 相良 岩男：A/D・D/A 変換回路入門 第 3 版，日刊工業新聞社 (2012)
[17] (株) コンテック：基礎知識と用語集 アナログ入出力・マルチファンクション，http://www.contec.co.jp/product/device/analog/basic.html

索　引

〈ア　行〉

- アップサンプリング……………… 148
- アナログ角周波数………………… 139
- アナログ信号………………………… 1
- アナログフィルタ………………… 119
- アンチエリアジングフィルタ……… 98
- 位相遅延…………………………… 123
- 位相特性…………………………… 58
- 移動平均…………………………… 14
- 因果性システム…………………… 21
- インタポレータ…………………… 151
- インパルス応答…………………… 23, 56
- エキスパンダ……………………… 148
- エリアジング……………………… 96
- 演算量……………………………… 106, 110
- 重み付き最小2乗法……………… 159
- オールパスフィルタ……………… 120

〈カ　行〉

- 角周波数…………………………… 3
- 過渡域……………………………… 121
- 逆離散フーリエ変換……………… 105
- 逆 z 変換…………………………… 51
- 極…………………………………… 50
- 虚数単位…………………………… 17
- 群遅延……………………………… 123
- 高域通過フィルタ………………… 120, 132
- 高速フーリエ変換………………… 101, 106

〈サ　行〉

- 再帰型システム…………………… 28
- 最小2乗法………………………… 157
- サイドローブ……………………… 116
- 雑音………………………………… 155
- サンプリング……………………… 3
- サンプリング定理………………… 94, 97
- サンプリングレート……………… 145
- サンプル値………………………… 4
- サンプル値信号…………………… 6
- 時間シフト………………………… 92
- 時間領域…………………………… 63
- 次数………………………………… 46
- システム同定……………………… 2, 155
- システムの安定判別……………… 35
- 時不変システム…………………… 21
- 時不変性…………………………… 20
- 周期………………………………… 3
- 周波数……………………………… 3
- 周波数解析………………………… 75
- 周波数シフト……………………… 93
- 周波数スペクトル………………… 93
- 周波数選択性フィルタ…………… 119
- 周波数特性………………………… 58, 60
- 周波数変換………………………… 131
- 周波数領域………………………… 63
- 初期位相…………………………… 3
- 初期休止条件……………………… 33
- 振幅………………………………… 3
- 振幅特性…………………………… 58
- 推移………………………………… 42
- 正規化……………………………… 13
- 正弦波信号………………………… 2
- 零点………………………………… 50

線形システム ……………………… *21*
線形性 ……………………………… *20*
双1次 *s-z* 変換…………………… *136*
阻止域 …………………………… *121*

〈タ　行〉

帯域制限信号 ……………………… *94*
帯域阻止フィルタ …………… *120, 135*
帯域通過フィルタ …………… *120, 134*
ダウンサンプリング …………… *145*
たたみ込み ……………… *23, 43, 92*
多値信号 …………………………… *7*
単位インパルス信号 ……………… *18*
単位ステップ信号 ………………… *18*
チェビシェフ特性フィルタ ……… *121*
逐次最小2乗法 …………………… *161*
直線位相 ………………………… *121*
通過域 …………………………… *121*
低域通過フィルタ …………… *119, 131*
ディジタル信号 …………………… *1*
ディジタルフィルタ ………… *119, 136*
デシメータ ……………………… *150*
伝送 ………………………………… *2*
伝達関数 ………………… *44, 56, 60*

〈ナ　行〉

ナイキスト周波数 ………………… *96*
ノイズ …………………………… *155*
ノッチフィルタ ………………… *120*

〈ハ　行〉

白色雑音 ………………………… *158*
バタフライ演算 ………………… *110*
バターワース特性フィルタ ……… *121*
標本化 ……………………………… *4*
フィルタ ………………………… *119*
復号化 ……………………………… *8*
複素フーリエ級数 ………………… *79*

復調 ………………………………… *8*
符号化 ……………………………… *8*
部分分数展開法 …………………… *53*
フーリエ解析 ……………………… *76*
フーリエ級数 ……………………… *76*
フーリエ変換 ……………………… *86*
プリワーピング ………………… *140*
べき級数展開法 …………………… *52*
ベッセル特性フィルタ ………… *121*
ヘビサイドの定理 ………………… *54*
変調 ………………………………… *8*

〈マ　行〉

窓関数 …………………………… *113*
マルチレート信号処理 ………… *153*
無限インパルス応答 ……………… *30*
メインローブ …………………… *116*

〈ヤ　行〉

有限インパルス応答 ……………… *30*
有限入力有限出力安定 …………… *35*

〈ラ　行〉

ラプラス変換 ……………………… *54*
離散化 …………………………… *102*
離散時間逆フーリエ変換 …… *88, 102*
離散時間信号 ………………… *7, 16*
離散時間フーリエ級数 ……… *82, 85*
離散時間フーリエ変換 ……… *88, 91*
離散フーリエ変換 ………… *101, 104*
理想フィルタ …………………… *127*
量子化 ……………………………… *5*
レート変換 ……………………… *150*

索　引

⟨英　名⟩

A/D 変換器 ·· *9*
BIBO 安定 ·· *35*

DFT ······································· *101, 104*
FFT ··· *106*
IDFT ·· *104*
z 変換 ·· *41*

〈著者紹介〉

毛利 哲也（もうり　てつや）
　　2000　年　名古屋工業大学大学院工学研究科博士後期課程修了
　　専門分野　ロボット工学
　　現　　在　岐阜大学工学部教授・博士（工学）

シリーズ知能機械工学 ⑥
ディジタル信号処理

2015 年 4 月10日　初版 1 刷発行
2022 年 9 月15日　初版 4 刷発行　　　　　　　　　　　　　　　　　　検印廃止

著　者　毛利　哲也　©2015
発行者　南條　光章
発行所　共立出版株式会社
　　　　〒112-0006　東京都文京区小日向4丁目6番19号
　　　　電話　03-3947-2511
　　　　振替　00110-2-57035
　　　　URL　www.kyoritsu-pub.co.jp

（一般社団法人
　自然科学書協会
　会員）

印刷・製本：錦明印刷(株)
NDC 548 / Printed in Japan

ISBN 978-4-320-08182-6

JCOPY ＜出版者著作権管理機構委託出版物＞
本書の無断複製は著作権法上での例外を除き禁じられています．複製される場合は，そのつど事前に，
出版者著作権管理機構（ＴＥＬ：03-5244-5088，ＦＡＸ：03-5244-5089，e-mail：info@jcopy.or.jp）の
許諾を得てください．

■機械工学関連書

www.kyoritsu-pub.co.jp **共立出版**

生産技術と知能化(S知能機械工学1)	山本秀彦著
現代制御(S知能機械工学3)	山田宏尚他著
持続可能システムデザイン学	小林英樹著
入門編 生産システム工学 総合生産学への途 第6版	人見勝人著
衝撃工学の基礎と応用	横山 隆編著
機能性材料科学入門	石井知彦他著
Mathematicaによるテンソル解析	野村靖一著
工業力学	上月陽一監修
機械系の基礎力学	山川 宏著
機械系の材料力学	山川 宏他著
わかりやすい材料力学の基礎 第2版	中田政之他著
工学基礎 材料力学 新訂版	清家政一郎著
詳解 材料力学演習 上・下	斉藤 渥他共著
固体力学の基礎(機械工学テキスト選書1)	田中英一著
工学基礎 固体力学	園田佳巨他著
破壊事故 失敗知識の活用	小林英男編著
超音波工学	荻 博次著
超音波による欠陥寸法測定	小林英男他編集委員会代表
構造振動学	千葉正克他著
基礎 振動工学 第2版	横山 隆他著
機械系の振動学	山川 宏著
わかりやすい振動工学	砂子田勝昭他著
弾性力学	荻 博次著
繊維強化プラスチックの耐久性	宮野 靖他著
複合材料の力学	岡部朋永他訳
工学系のための最適設計法 機械学習を活用した理論と実践	北山哲士著
図解 よくわかる機械加工	武藤一夫著
材料加工プロセス ものづくりの基礎	山口克彦他編著
ナノ加工学の基礎	井原 透著
機械・材料系のためのマイクロ・ナノ加工の原理	近藤英一著
機械技術者のための材料加工学入門	吉田総仁他著
基礎 精密測定 第3版	津村喜代治他著
X線CT 産業・理工学でのトモグラフィー実践活用	戸田裕之著
図解 よくわかる機械計測	武藤一夫著
基礎 制御工学 増補版(情報・電子入門S2)	小林伸明他著
詳解 制御工学演習	明石 一他共著
工科系のためのシステム工学 力学・制御工学	山本郁夫他著
基礎から実践、そして理解できる ロボット・メカトロニクス	山本郁夫他著
Raspberry Pi で ロボットをつくろう! 動いて、感じて、考えるロボットの製作とPythonプログラミング	齊藤哲哉訳
ロボティクス モデリングと制御(S知能機械工学4)	川崎晴久著
熱エネルギーシステム 第2版(機械システム入門S10)	加藤征三編著
工業熱力学の基礎と要点	中山 顕他著
熱流体力学 基礎から数値シミュレーションまで	中山 顕他著
伝熱学 基礎と要点	菊地義弘他著
流体工学の基礎	大坂英雄他著
データ同化流体科学 流動現象のデジタルツイン(クロスセクショナルS10)	大林 茂他著
流体の力学	太田 有他著
流体力学の基礎と流体機械	福島千晴他著
空力音響学 渦音の理論	淺井雅人他訳
例題でわかる基礎・演習流体力学	前川 博他著
対話とシミュレーションムービーでまなぶ流体力学	前川 博他著
流体機械 基礎理論から応用まで	山本 誠他著
流体システム工学(機械システム入門S12)	菊山功嗣他著
わかりやすい機構学	伊藤智博他著
気体軸受技術 設計・製作と運転のテクニック	十合晋一他著
アイデア・ドローイング コミュニケーションツールとして 第2版	中村純生著
JIS機械製図の基礎と演習 第5版	武田信之改訂
JIS対応 機械設計ハンドブック	武田信之著
技術者必携 機械設計便覧 改訂版	狩野三郎著
標準 機械設計図表便覧 改新増補5版	小栗冨士雄他共著
配管設計ガイドブック 第2版	小栗冨士雄他共著
CADの基礎と演習 AutoCAD2011を用いた2次元基本製図	赤木徹也他共著
はじめての3次元CAD SolidWorksの基礎	木村 昇著
SolidWorksで始める 3次元CADによる機械設計と製図	宋 相載他著
無人航空機入門 ドローンと安全な空社会	滝本 隆著